L'ARTILLERIE

A

L'EXPOSITION

DE 1878

Extrait de la Revue d'artillerie

PARIS

BERGER-LEVRAULT ET C⁰, ÉDITEURS

5, RUE DES BEAUX-ARTS, 5

MÊME MAISON A NANCY

1879

L'ARTILLERIE

A

L'EXPOSITION

DE 1878

Extrait de la *Revue d'artillerie*

PARIS

BERGER-LEVRAULT ET Cⁱᵉ, ÉDITEURS

5, RUE DES BEAUX-ARTS, 5

MÊME MAISON A NANCY

—

1879

L'ARTILLERIE

A L'EXPOSITION DE 1878.

L'Exposition de 1878 a fourni très-peu de sujets d'étude au point de vue militaire, en général, et, surtout, au point de vue *artillerie*, en particulier : aussi, a-t-il suffi, pour la plupart des objets exposés, de constater leur présence dans le palais du Champ-de-Mars, sans chercher à en faire la description.

Aussi, la *Revue d'artillerie* s'est-elle bornée à publier, dès l'ouverture de l'Exposition, la nomenclature de tout ce qui devait être signalé aux visiteurs, et n'a-t-elle décrit, plus tard, avec quelques détails, que la *métallurgie française,* les *mitrailleuses,* les *artilleries hollandaise et espagnole* et quelques *machines-outils* intéressant directement le service de l'arme.

NOMENCLATURE.

(PL. I.)

Repérage. — En entrant au Champ-de-Mars du côté de la Seine, on pénètre dans le palais par la galerie d'honneur, et l'on trouve, à droite, les sections étrangères, à gauche, la section française.

Les diverses sections occupent trois travées, une grande galerie, dite galerie des machines, et une travée extérieure.

La galerie des machines, entre les deux pavillons d'angle, a 645 mètres de longueur ; elle est divisée en 43 intervalles par 42 fermes dont les supports verticaux sont indiqués par de gros points sur le dessin.

Les 15 premiers intervalles correspondent aux expositions de l'Angleterre, des États-Unis, de la Suède et de la Norvége.

Une grande avenue, qui va de la porte Rapp à la porte Desaix, sépare cette dernière section de celle de l'Italie.

Après cette avenue, onze intervalles forment le centre de la galerie et comprennent l'Italie, le Japon, la Chine, l'Espagne et l'Autriche-Hongrie. Puis vient une seconde avenue après laquelle est une série de 15 intervalles, terminant la galerie, et composée des sections de Russie, Suisse, Belgique, Grèce, Danemark, Amérique centrale et méridionale, gouvernements asiatiques, petites principautés, Portugal et Pays-Bas.

En se reportant aux positions des deux avenues transversales et des fermes, il sera très-facile de retrouver les objets dont l'emplacement est désigné sur le plan.

Ils sont presque toujours disposés dans la galerie des machines et dans la travée n° 3.

Généralités. — L'exposition militaire proprement dite

est des plus restreintes. Peu de matériel, et des machines spéciales en petit nombre.

Il n'entre pas dans le cadre de la *Revue d'artillerie* de décrire tout ce qui intéresse l'armée en général. Les instruments de précision, les appareils de géographie et de topographie, cartes et plans-reliefs, les appareils médicaux, etc., offrent, à coup sûr, un grand intérêt; ils sont nombreux, mais, comme ils n'ont pas directement trait au service de l'artillerie, on se bornera simplement à mentionner les classes qui les renferment.

Ces classes sont :

CLASSES 7 ET 8. — *Enseignement secondaire et enseignement supérieur.*

CLASSE 14. — *Médecine, hygiène et assistance publique.*

CLASSE 15. — *Instruments de précision.*

CLASSE 16. — *Cartes et appareils de géographie et de cosmographie.*

CLASSE 38. — *Habillement.*

CLASSE 41. — *Objets de voyage et de campement.*

CLASSE 47. — *Produits chimiques.*

CLASSE 49. — *Cuirs et peaux.*

CLASSE 62. — *Carrosserie et charronnage.*

CLASSE 63. — *Bourrellerie et sellerie.*

CLASSE 65 ([1]). — *Télégraphie.*

CLASSE 67 ([2]). — *Matériel de la navigation et du sauvetage.*

Les classes offrant un intérêt plus spécial à l'artillerie, sont les suivantes :

CLASSE 40. — *Armes portatives.*

CLASSE 43. — *Produits de l'exploitation de la métallurgie.*

CLASSE 50. — *Matériel et procédés de la métallurgie.*

CLASSE 54. — *Mécanique générale.*

CLASSE 55. — *Machines-outils.*

CLASSE 68. — *Matériel et procédés de l'art militaire.*

---

[1] Annexe de l'avenue la Bourdonnaye, près du bâtiment de l'administration (porte Rapp).
[2] Berge de la Seine, rive gauche.

Dans la nomenclature ci-dessous, on ne pourra pas suivre l'ordre des classes, mais bien celui dans lequel sont placés les objets, en partant de la galerie d'honneur, dans laquelle on remarquera la collection d'armes indiennes offerte au prince de Galles; puis, visitant les sections étrangères, depuis la Grande-Bretagne jusqu'aux Pays-Bas, et revenant dans la section française, depuis la galerie du travail jusqu'au point de départ.

GRANDE-BRETAGNE ET IRLANDE.

Dans la travée n° 3, à partir de l'exposition des Indes :

Hadfields Steel Foundry Company, acier fondu au creuset, projectiles, obus vides.

Parsons, bronze au manganèse.

Jessop et Sons, acier fondu, acier de cémentation.

Brown, Bayley et *Dixon,* acier pour cuirasses.

Bedford et Sons, aciers.

A la troisième ferme, galerie des machines, exposition *Whitworth :* canon de 9 livres se chargeant par la culasse, sur son affût, projectiles, cuirasse perforée, avec les projectiles qui l'ont traversée; coupe d'un canon rayé; doublures de cylindre en acier; photographies de matériel, etc.

Tweddell, machines à river portatives.

A même hauteur, dans la travée n° 4, plaques d'acier de *West Cumberland Iron and Steel Company.*

Travée n° 3 : *The Phosphor Bronze Company,* échantillons de bronze phosphoreux, revolvers, fusil Comblain.

Barff, enduit d'oxyde noir magnétique destiné à préserver le fer de la rouille.

Currie, objets de campement, vêtements imperméables.

Travée n° 2 : coiffures militaires.

Travées nᵒˢ 2 et 3, classe 40 (armes portatives et articles de chasse), comprenant :

Munitions de guerre de *Eley Brothers,* cartouches, capsules, bourres en feutre et en drap;

Carabines *Metford;* fusils *Gibbs* et *Pitt's,* de la maison *Gibbs;*

Fusils sans batterie de *Greener;* carabines *express* de *Henry;*

Kinoch, cartouches, capsules, balles et étoupilles pour canons;

Carabines et fusils *Martiny-Henry* et *Snider,* de la maison *Lewis;*

Poudres de mine, de chasse et à canon de *Pigou, Wilks* et *Lawrence;*

Fusils à percussion centrale et *express-rifles* de *Reilly et Cie;* fusil *Scott,* et fusil *Soper.*

Galerie des machines, près de la 8e ferme : *Clark,* nouvel appareil pour enseigner les mouvements militaires.

Travée n° 4 : *The Hale-Macdonald-War-Rocket and Torpedo Company,* fusées, torpilles de propulsion automatique, torpilles de halage, torpilles fixes électriques et à contact.

Derrière la travée n° 4, sous l'auvent qui entoure le palais, *Brown et Cie,* cuirasses et boulets d'acier.

Cammel, plaques en acier.

Enfin, dans les travées n°s 1, 2 et 3, à l'extrémité de l'exposition anglaise, on trouve un certain nombre d'armes de guerre en usage chez les peuples sauvages des colonies anglaises.

ÉTATS-UNIS D'AMÉRIQUE.

Dans la travée n° 3, contre le mur de la galerie des machines, on a placé des mitrailleuses *Gatling* de différents modèles, un petit canon, système Gardner, de la maison *Pratt* et *Whitney;*

Dans la classe 40 (travées 2 et 3), des armes à feu de *Lowell, Remington, Sharp, Tatham* et autres;

Derrière cette classe, les fusils de *United States Regulation fire arms Company,* ainsi que les cartouches de l'*Union metallic cartridge Company;*

Enfin, dans la travée 3, le petit modèle d'une tour

portative pour signaux, inventée par *Davis* et permettant d'établir un poste d'observation à 35 mètres au-dessus du sol.

Cette puissance expose le fusil de marine *Krag-Peterson* et un fusil, en expériences, du système *Jarmann*.

Dans la galerie des machines sont placés des projectiles massifs et des obus, entiers et fendus, de *Ekmann* et *de Maré* à *Finspong ;*

Des torpilles en tôle d'acier Bessemer de *Gundberg ;*

Des modèles de matériel de ponts militaires de *Norrman,*

Et une mitrailleuse du système *de Palmcrantz.*

Dans la travée nº 1, des armes à feu de la Compagnie de *Husqvarna,* à Jönköping, et des armes blanches de *Norrströin* et *Svengren.*

L'exposition militaire, sauf quelques fusils dans la travée nº 3, se trouve dans la galerie des machines. On rencontre d'abord des spécimens d'habillement, d'équipement et de harnachement, un petit affût avec avant-train, l'affût automatique *Albini,* avec une pièce se chargeant par la culasse, et un beau plan-relief du champ de tir de la *Spezia,* indiquant les dispositifs adoptés pour les expériences du canon de 100 tonnes; ce plan est accompagné de nombreuses photographies. A côté de ce relief est une mitrailleuse sur affût à chandelier.

Armes blanches.

L'exposition du ministère de la guerre est assez complète; elle occupe la travée n° 3 et comprend une belle collection des costumes militaires du pays, les produits de la fabrique d'armes d'*Oviedo*, un canon en bronze comprimé de 9°, et des projectiles de la fonderie de Séville, des armes de *Tolède*, un canon de 15° de siége, se chargeant par la culasse, sur affût du système Krupp modifié; un affût de casemate pour le canon de 15°, un affût de campagne, le tout provenant de la fabrique de la *Trubia*.

Le musée d'artillerie a envoyé des spécimens d'armes portatives anciennes et de petites bouches à feu; quelques petits modèles d'inventions modernes, en particulier, une chèvre de place, un canon de 28° système *Barrios*, sur affût de place, un obusier de 21° avec son affût de place, et le matériel des pontonniers.

Enfin, on remarque, près de la travée n° 2, la collection des hausses des canons de marine.

Dans la galerie des machines sont placés, à droite, les spécimens de la maison *Ganz* et *Tarsa*, plus loin des échantillons de dynamite et amorces de *Mahler* et *Eschenbacher*, ainsi qu'une forge portative; enfin, près de la grande avenue transversale, des blindages en acier pour visières, cuirasses, caissons, portes de forts, etc.

Le musée pédagogique militaire est dans la travée n° 1, contre l'avenue tranversale; les armes blanches et les projectiles de la fabrique de *Zlatooust* se trouvent dans la travée n° 3,

SUISSE.

Cette nation a exposé des types de coiffures militaires dans la travée n° 2.

BELGIQUE.

Les armes portatives sont placées dans la travée n° 3, qui contient aussi des mitrailleuses *Christophe-Montigny* et des chevalets pour le tir.

Dans la galerie des machines, une carabine *Comblain* est disposée sur un banc de tir d'expériences du système *Jaspar*.

A soixante mètres plus loin, à droite, le major Le Boulengé a exposé ses télémètres.

PAYS-BAS.

Dans la galerie des machines, on trouve :

Un canon de 12^c rayé, en bronze, se chargeant par la culasse (proposition du major *Sluiter* et du capitaine *von Kerbwyk*), sur affût en fer du capitaine *Scherer ;*

Un avant-train d'affût de rechange de 8^c pour l'artillerie montée, un affût de rechange, un caisson à munitions pour canon de 8^c (chargement par la culasse), un caisson à munitions d'infanterie, et différents modèles d'obus pour canon de 12^c, se chargeant par la culasse, avec leurs fusées;

Puis, dans la travée n° 3, des photographies de matériel, et, dans la travée n° 2, des armes portatives.

Enfin, deux petits affûts de montagne, des modèles de harnachement et des modèles d'armes portatives, dans la section des colonies des Pays-Bas, à l'entrée du grand pavillon d'angle.

Après avoir terminé l'examen de la section des Pays-Bas, on atteindra la section française en parcourant la galerie du travail, à l'extrémité de laquelle est assemblée la carte de l'état-major français au $\frac{1}{80000}$.

Le plan (Pl. I) donne les noms des classes dans lesquelles on peut trouver quelques sujets d'étude.

On citera seulement, dans cette nomenclature, les objets sur lesquels il convient d'appeler principalement l'attention.

Le visiteur, allant de la galerie du travail à la galerie d'honneur, trouvera presque tous ces objets dans la galerie des machines.

Galerie des machines, classe 50 : petits modèles de four *Martin-Siemens,* convertisseur *Pernot* et convertisseur *Ponsard* pour la fabrication de l'acier, *Leclerc,* petit modèle de fonderie pour projectiles. — *Voruz* (Nantes), machines pour le moulage des obus de divers calibres. — *Enfer,* soufflets et forges portatives de campagne. — *Ruggieri,* artifices. — *Davey, Bickford et Cie,* fusées de sûreté pour mines, modèles de cartouches pour mines. — *Société générale pour la fabrication de la dynamite;* cartouches, plans et vues de travaux.

Classe 55 : *Colas,* embattage mécanique des roues de voitures. — *Varrall, Elwell* et *Middleton,* machines-outils diverses. — *OEschger et Mesdach,* machine à sertir les ceintures en cuivre sur les projectiles.

Classe 43 ; tout ce qui, dans cette classe, peut intéresser l'artillerie se trouve réuni, soit dans la salle n° 1 de la travée n° 3, près de la galerie d'honneur, soit dans une annexe située à l'autre extrémité du Champ-de-Mars, en face l'École militaire.

Salle n° 1 : *Société anonyme des aciéries et forges de Firminy,* tubes à canons, frettes tourillons. — *Société anonyme des forges de Franche-Comté,* projectiles. — *Jacob, Holtzer et Cie,* aciers en barres, canons. — *Compagnie des fonderies, forges et aciéries de Saint-Étienne,* tôles, blindages, canons, tubes à canons. — *Société des hauts-fourneaux,*

fonderies et ateliers de construction de Marquise, fontes brutes
et moulées. — *Société anonyme des hauts-fourneaux de
Maubeuge,* fontes et fers marchands.

Annexe de la classe 43 : *Marrel frères,* plaques de blindage.

Classe 68, travée n° 2 : *Mathieu-Castay,* modèles de fusils de guerre. — *Le Mat,* carabines-revolvers et revolvers
à mitraille. — *Hotchkiss,* canon de campagne avec affût,
quatre canons-revolvers, mitrailleuse sur affût. — *Biny,*
modèle d'affût à éclipse. — *Gastine-Renette,* arme de guerre
se chargeant par la culasse; tube à tir. — *Perreaux,* modèle de canon théorique à longue portée. — *Gronnier,*
machine à tarauder les obus; obus à couronnes de balles;
couronnes de refroidissement pour protéger les ceintures
pendant la coulée des obus.

Classe 40, travée n° 2 : *Gevelot,* cartouches et amorces.
— *Gaupillat,* douilles et amorces. — *Marion,* fusil à tir rapide. — *Gastine-Renette,* fusils, carabines, pistolets.

Après avoir étudié cette dernière classe, qui touche à
la grande galerie d'honneur, on pourra visiter dans le
parc, près de la porte de Seine, les trois pavillons du
Creusot, de Terre-Noire et de Saint-Chamond.

Ces pavillons, installés d'une façon remarquable, con-
tiennent de très-beaux spécimens métallurgiques.

Le Creusot a exposé des tubes à canon, des plaques de
blindage et un modèle en bois du canon de 100 tonnes,
grandeur naturelle, sur un wagon porte-corps.

Saint-Chamond a exposé des tubes, des plaques de blindage, de nombreux projectiles et un petit canon se chargeant par la culasse.

Terre-Noire a aussi des projectiles et des plaques.

Enfin, on trouvera, dans le palais du Trocadéro, la
collection des armes anciennes qui fait partie de l'exposition rétrospective.

En résumé, l'Exposition de 1878 offre des sujets d'étude très-restreints au point de vue spécial de l'artillerie, car presque toutes les puissances se sont abstenues d'exposer les produits de leurs meilleurs spécialistes.

MÉTALLURGIE FRANÇAISE.

De toutes les industries métallurgiques, celle qui intéresse le plus particulièrement l'artillerie est actuellement, sans contredit, celle du fer. Le fer et ses composés, fontes et aciers, ont en effet, depuis quelques années, remplacé le bois et la pierre, non-seulement dans les constructions, mais aussi pour la fabrication de presque tout le matériel de guerre, et ont enfin supplanté le bronze comme métal à canon.

Il y a donc un intérêt capital, au point de vue de la défense du pays, à ce que la France s'affranchisse à cet égard de tout tribut à l'étranger.

Le sol de la France([1]), et spécialement le bassin de la Loire, est assez riche en minerais pour que, malgré leur faible teneur, la fabrication du fer s'y soit développée rapidement. Toutefois, les usines françaises ont eu de nombreuses crises à traverser: l'exploitation de minerais de qualité supérieure et de procédés plus économiques chez les nations voisines, le traité de commerce de 1860 qui ouvrait la France aux produits étrangers, la substitution graduelle de l'acier au fer surtout dans le matériel des chemins de fer, les ont forcées non-seulement à changer complétement leur outillage, mais encore à chercher au loin des matières premières qui leur permissent de fabriquer des fontes au coke à peu près comparables aux anciennes fontes au bois, dont le prix de revient était devenu trop élevé.

([1]) Ces considérations sont empruntées en partie au Catalogue officiel publié par le Commissariat général.

Les hauts fourneaux au bois, qui, en 1835, étaient au nombre de 410 sur 438, ne sont plus, en 1872, que 89 sur 270; et, en même temps, la production moyenne d'un haut fourneau s'élève de 673 à 4 500 tonnes par an. Mais par suite de la substitution du fer à la houille au fer au bois, les minerais pauvres et impurs, qui faisaient autrefois la fortune de l'Est et du Centre, sont peu à peu abandonnés parce que les procédés d'épuration et de déphosphoration, trop incomplets, ne permettent pas de transformer les fontes en acier, et remplacés par des minerais riches et purs, tels que ceux de l'Algérie et des Pyrénées; les petites usines établies près des forêts et des cours d'eau, disparaissent au profit des grandes usines établies à proximité des bassins houillers.

Le tableau suivant donne la marche de la production des fontes, fers et aciers en France, depuis 1840, époque à laquelle a commencé la fabrication des rails en fer, jusqu'à ces dernières années, où l'on est enfin arrivé à livrer l'acier à peu près au même prix que le fer:

ANNÉES.	FONTE.	FER.	ACIER.
	tonnes.	tonnes.	tonnes.
1840	347 773	237 878	9 262
1850	461 653	246 196	10 981
1860	898 353	532 211	29 848
1870	1 178 113	830 785	94 887
1874	1 428 307	862 255	207 072
1875	1 416 397	904 991	230 205
1876	1 395 656	870 311	230 628

On voit que l'emploi de la fonte, se généralisant de plus en plus en raison de ses vastes applications à l'industrie, est, en 1874, quadruple de ce qu'il était en 1840; la production du fer, au contraire, après avoir eu un aussi rapide essor, semble demeurer stationnaire à partir de 1870, tandis que celle de l'acier, qui, en 1850, époque de l'application du puddlage en France, était à peine de

11 000 tonnes, est devenue neuf fois plus grande en 1870 et vingt fois en 1875.

Cet acier fondu ne se fabrique plus dans de petits creusets de 20 kilogr., avec de bons fers cémentés au bois, comme l'indique la méthode introduite à Sheffield, en 1749, par Benjamin Huntsmann; c'est dans de vastes appareils et par milliers de kilogrammes qu'on l'obtient aujourd'hui à l'état liquide, ce qui permet de l'appliquer au coulage des grandes pièces que demandent l'artillerie, la marine et l'industrie, telles que arbres de machine, plaques de blindage et bouches à feu.

A l'Exposition de 1867, deux modes de production de l'acier fondu en grandes masses étaient en présence : l'un, qui recevait sa dernière consécration, le procédé Bessemer; l'autre, qui faisait en quelque sorte sa première apparition, le procédé Martin-Siemens. Dans le premier, la fonte en fusion est soumise à l'action d'un courant d'air dont l'oxygène brûle successivement le silicium et le carbone combinés au fer, et la chaleur développée par cette combustion est telle que le fer légèrement oxydé qui en provient reste lui-même en fusion; lorsqu'on reconnaît, à l'aspect de la flamme, que le silicium et le carbone sont complétement brûlés, on introduit dans le fer fondu une certaine quantité de fonte spécialement choisie (*Spiegel-Eisen*) qui abandonne au fer l'élément aciérant qu'elle contient et le transforme immédiatement en acier. Dans le procédé Martin-Siemens, on introduit sur la sole d'un four à gaz une fonte manganésée que l'on fait entrer en fusion et dans laquelle on dissout ensuite des fragments de fer; le bain métallique est soumis alors à un affinage progressif qui dure plusieurs heures et que l'on arrête à volonté au moment où l'acier présente les qualités requises. Cette dernière méthode a le grand avantage de donner des produits plus réguliers et plus homogènes, puisque l'on peut prolonger l'affinage et essayer les alliages qui prennent naissance.

Depuis 1867, les fours Martin se sont répandus partout ; l'usage des hautes températures s'est généralisé, et on les réalise aujourd'hui couramment et dans des conditions très-économiques par l'emploi combiné des gazogènes et des régénérateurs de chaleur. Le four à sole rotative de M. Pernot (¹) a permis de perfectionner encore le procédé Martin, en réduisant les frais de combustion et de main-d'œuvre et en améliorant la qualité du métal par un brassage mécanique continu. Enfin M. Ponsard, s'inspirant à la fois des procédés Bessemer, Martin et Pernot, a construit un four à gaz dont la sole mobile et inclinée est traversée en un point de sa paroi par une série de tuyères ; en dirigeant convenablement la sole, les tuyères sont au plus bas, et le bain métallique reçoit le vent de la machine soufflante ; dès que la décarburation est assez avancée, il suffit de faire faire un demi-tour à la sole pour que les tuyères se trouvent au-dessus du bain et l'on arrête le vent.

En résumé, grâce à toutes ces innovations, on peut affirmer aujourd'hui que tout bon minerai de fer, traité convenablement, donne un excellent acier ; pour les aciers du commerce, on arrivera à employer presque tous les minerais de fer, quand on aura réalisé des moyens économiques de produire les auxiliaires utiles à l'aciération, tels que le manganèse, le silicium, le chrome, et d'éliminer les éléments nuisibles, tels que le soufre, l'arsenic et le phosphore. Ces principes sont admis à présent par les directeurs des grandes aciéries ; plusieurs usines importantes fabriquent dans le haut fourneau, d'une façon économique, un alliage connu sous le nom de *ferro-manganèse* qui contient jusqu'à 85 pour 100 de manganèse, et dont l'emploi dans le Bessemer ou dans le four Martin-Siemens permet de produire toutes les variétés d'acier, depuis l'acier le plus doux, non susceptible de recevoir la

(¹) Voir *Revue d'artillerie*, t. V, p. 443.

trempe, qui peut être considéré comme du fer fondu,
jusqu'à l'acier le plus dur; l'usine de Terre-Noire se sert
pour la fabrication des grandes pièces en acier fondu d'un
alliage de fer et de silicium, obtenu dans ses hauts fourneaux, qui absorbe l'oxygène, décompose l'oxyde de carbone qui tend à se dissoudre dans l'acier et fait disparaître
ainsi, sans avoir recours au martelage, les soufflures si
redoutées dues à ce dernier gaz.

Dans la fabrication de la fonte, il n'y a, depuis 1867,
que deux faits à signaler: l'accroissement du volume
intérieur des hauts fourneaux et, par suite, de la production moyenne pour chacun d'eux; et la réduction de la
consommation du combustible, à moins d'une tonne de
coke par tonne de fonte, obtenue par l'application de régénérateurs Siemens au chauffage de l'air.

Dans les ateliers d'élaboration, la tendance générale
est d'augmenter la puissance des appareils mécaniques ;
dans plusieurs usines on est arrivé à laminer des rails de 9
à 12 mètres, des fers à I de 20 à 25 mètres, et des tôles de
2 à 3 mètres de largeur; enfin, pour répondre aux besoins
de l'artillerie et pour pouvoir forger des blocs d'acier de 100
à 120 tonnes, on a dû installer des marteaux-pilons de
grande dimension; déjà, depuis l'année dernière, le Creusot
en possède un de 80 tonnes; dans quelques mois, les ateliers
de Saint-Chamond et de Rive-de-Gier disposeront eux aussi
d'un marteau à vapeur de 80 tonnes, desservi par des grues
d'un poids de 150 tonnes.

Nous allons passer successivement en revue les principales usines dont les expositions au Champ-de-Mars
peuvent offrir quelque intérêt au point de vue spécial de
l'artillerie.

Compagnie de Fives-Lille. — Créée en 1861, la Compagnie de Fives-Lille s'est rapidement développée ; ses
établissements comprennent les ateliers de construction

de Fives-Lille (Nord) et ceux de Givors (Rhône) ; ils emploient de 2500 à 3000 ouvriers et disposent d'une force motrice de plus de 700 chevaux, actionnant environ 580 machines-outils et 20 marteaux-pilons. L'importance de leur outillage leur permet de produire annuellement : 80 locomotives, 6000 tonnes de ponts et de charpentes métalliques et 6000 tonnes de machines pour sucreries, exploitation de mines, navigations à vapeur et de matériel d'artillerie.

Outre les nombreuses machines-outils fournies aux arsenaux, la Compagnie a livré au ministère de la guerre des canons de campagne et des canons de 19e et de 24e en fonte, frettés en acier, complétement usinés, environ 2000 affûts de campagne en fer et en acier, des affûts pour canons de 138^{mm} et des affûts en acier pour canons de 24e en acier.

Société anonyme des hauts fourneaux, fonderies et ateliers de construction de Marquise (Pas-de-Calais). — La Société anonyme des hauts fourneaux, etc., de Marquise, fondée en 1837, accrue en 1850, possède aujourd'hui à Marquise 5 hauts fourneaux, de nombreux cubilots pour 2e fusion et de vastes ateliers de moulage, d'ajustage et de montage ; et à Saint-Nicolas-de-Redon (Loire-Inférieure) l'usine de Tabago, des fours à coke et le port du Bellion. Ces diverses usines donnent une production moyenne annuelle de 35000 tonnes de fontes moulées et de 4000 tonnes de fontes brutes.

Pendant la guerre 1870-1871, elles ont pu livrer 70000 obus ordinaires et à balles de 4, de 8 et de 12; depuis 1873, elles ont encore fourni à l'artillerie environ 241000 projectiles de tous calibres, obus à enveloppe de plomb de 5, de 7 et de 138^{mm}, obus à ceintures de cuivre de 90^{mm}, de 95^{mm}, de 14e, de 220^{mm} et de 270^{mm}.

Société anonyme de Commentry-Fourchambault. — Les établissements de la Société anonyme de Commentry-Fourchambault, constituée en 1853, sous la raison sociale *Boigues Rambourg et Cie* (1853-1874) comprennent les deux mines de houille de Commentry et de Montvicq (Allier), les exploitations de minerais dans le Berry, les hauts fourneaux de Torteron (Cher), les hauts fourneaux et aciéries de Montluçon (Allier), les forges, aciéries et ateliers d'Imphy (Nièvre), les forges et tréfileries de Fourchambault (Nièvre), les fonderies et ateliers de Fourchambault et enfin les fonderies et ateliers de la Pique, près Nevers. 7 237 ouvriers sont employés dans ces mines et ces usines ; la puissance totale des machines à vapeur est de 5 642 chevaux, dont 3 369 pour les établissements métallurgiques. Les hauts fourneaux de la Société produisent annuellement 70 000 tonnes de fonte, dont 7 000 tonnes seulement sont livrées au commerce ; 25 000 tonnes sont consommées dans les usines pour la fabrication du fer, 14 000 pour la fabrication de l'acier, et 24 000 pour les fontes moulées.

Ce sont surtout les ateliers de Fourchambault qui exécutent les commandes faites par l'artillerie. Dans ces dernières années, 2 300 affûts, châssis, avant-trains et arrière-trains ont été livrés au ministère de la guerre ; 174 canons de 16 lisses ont été transformés en canons rayés de 138[mm]. Les hauts fourneaux de Torteron produisent annuellement 2 500 tonnes de projectiles de tous calibres pour l'artillerie de terre et de mer. Les aciéries d'Imphy ont fourni, depuis 1872, 271 tonnes d'acier en barres et 689 tonnes de tôles aux trois manufactures d'armes de Saint-Étienne, Châtellerault et Tulle.

Société anonyme des aciéries et forges de Firminy (Loire). (*Poyeton-Verdié, directeur.*) — Créée en 1854, cette société s'est toujours tenue au courant des procédés nouveaux de la métallurgie ; c'est elle qui la première, après l'usine de Sireuil, a mis en pratique le procédé *Martin-Siemens* pour produire par grandes masses l'acier fondu sur la sole d'un four à gaz, et qui a essayé avec succès les fours Siemens au gaz pour la fusion de l'acier au creuset.

L'usine de Firminy occupe 2 000 ouvriers environ et possède 22 machines à vapeur représentant une force de 1 000 chevaux; elle comprend : 1 haut fourneau pouvant produire de 75 à 80 tonnes par jour, 10 fours à fondre et 10 fours à réchauffer par le procédé Martin, 2 fours à fondre l'acier au creuset du système Siemens, 29 fours à puddler, 32 fours à réchauffer, 4 fours à cémenter, 20 marteaux-pilons, dont 1 de 25 tonnes et 7 trains de laminoirs. La production annuelle s'élève à 64 000 tonnes de fontes, fers et acier. L'atelier de montage peut ébaucher et même finir les pièces qui lui sont commandées par l'artillerie : canons, frettes cylindriques et à tourillons, fermetures de culasse, essieux d'affûts, projectiles, etc.

L'usine possède, en outre, une moulerie de fonte où l'on peut couler et manœuvrer des pièces de 30 à 40 tonnes.

Forges de la Loire. — Marrel frères. (*Rive-de-Gier.*) — On remarque dans cette exposition :

1° Deux plaques de blindage destinées aux tourelles du cuirassé de premier rang, *le Duperré*. Longueur, 6 mètres; largeur, 1^m,05 ; épaisseur, 300 millimètres ; poids, 16 250 kilog. Ces deux plaques ont subi les épreuves réglementaires de réception : cinq boulets de 16e ont été tirés contre chacune d'elles, à 10 mètres de distance, dans un carré de 300 millimètres de côté ;

2° Une plaque de pont, brute de laminage, dont la longueur est de 15 mètres, la largeur de 1^m,840, l'épaisseur de 80 millimètres et le poids de 18 tonnes ;

3° Une plaque en fer, laminée, rabotée sur un côté seulement, dont la longueur est de 4^m,300, la largeur de 1^m,600, l'épaisseur de 0^m,710 et le poids de 38 tonnes.

4° Quatre tubes en acier, pour canons de 80^{mm} et de 155^{mm}, tels qu'ils sont livrés aux établissements de l'artillerie, c'est-à-dire tournés à l'extérieur, forés et trempés.

Aciéries et forges d'Unieux, près Firminy (Loire).
(*Jacob Holtzer et C*.) — Fondées en 1829, les usines
d'Unieux, qui occupent aujourd'hui 800 ouvriers, ont
30 machines à vapeur donnant une force de 500 chevaux ;
22 marteaux-pilons, dont 1 de 14 tonnes ; 10 marteaux à
cames ; 5 trains de laminoirs ; 7 fours à fondre, chauffés
au gaz ; 12 fours à puddler ; 10 fours à réchauffer ; 10 fours
doubles au gaz pour chauffer les lingots d'acier fondu et
les aciers corroyés ; 12 fours à cémenter. La production
annuelle s'élève à 3 000 tonnes d'acier fondu au creuset,
3 600 tonnes d'acier puddlé et 1 000 tonnes de fer.

**Compagnie des fonderies, forges et aciéries de Saint-
Étienne.** (*M. Barrouin, directeur.*) — La Compagnie des fonderies, forges et aciéries de Saint-Étienne, qui ne s'est constituée que le 29 septembre 1865, a acquis aujourd'hui une
importance telle que le nombre des ouvriers occupés dans les
diverses usines est de 1500 et la force motrice employée
est de 3500 chevaux. Le principal établissement de la
compagnie est à Saint-Étienne et produit spécialement
les blindages, les frettes et tubes pour canons, les essieux,
les bandages, les roues montées, etc. ; les deux autres
établissements, d'Izieux (Loire) et de Fourvoirie (Isère),
fournissent des fers et aciers et des tôles moyennes.

La Compagnie livre à la Guerre et à la Marine des
frettes en acier puddlé, des frettes en acier fondu, des
tubes en acier pour canons de gros calibres et pour canons de campagne, et des plaques de blindage.

Les frettes livrées à la Marine sont en acier puddlé enroulé. Pour les frettes à tourillons, les tourillons sont
produits par des procédés de forge particuliers ; on fait
écouler, par la pression ou par un martelage énergique,
le métal vers les tourillons de manière à assurer la continuité des fibres dans les plans perpendiculaires à l'axe
du canon. La Compagnie pense obtenir ainsi dans les
tourillons une solidité supérieure à celle donnée par les

autres procédés qui consistent à souder un tourillon ou à le former par des mises rapportées.

Les frettes livrées à la Guerre sont en acier fondu; la Compagnie a fait également, pour l'arsenal de Turin, des frettes en acier fondu pour canons de 15ᶜ, 24ᶜ et 32ᶜ.

Le métal employé pour ces frettes et pour les tubes et corps de canons, soit de la Marine, soit de la Guerre, est de l'acier Bessemer en 2ᵉ fusion; un mélange de fontes spéciales, classées et choisies, est fondu au four Siemens avant d'arriver au convertisseur. Cet acier contient de 0,0050 à 0,0052 de carbone; mais, malgré cette teneur, les allongements sont considérables, 20 p. 100 en moyenne.

L'usine de Saint-Étienne termine en ce moment la livraison, aux forges et chantiers de la Méditerranée et à la Société de constructions navales du Havre, de 66 tubes et de 66 séries de frettes pour canons de 24ᶜ; elle a livré également 150 tubes pour canons de 80ᵐᵐ, et une grande quantité de tubes pour canons de 14ᶜ de la marine.

La Compagnie n'a fourni jusqu'à présent que des plaques de blindage dont l'épaiseur ne dépasse pas 25 centimètres : les plaques des vaisseaux italiens *Venetia, Principe Amedeo* et *Comte Verde*, celles des vaisseaux français *la Victorieuse* et *la Triomphante*, et en partie celles du *Fulminant*.

Quelques transformations faites dans l'outillage permettront la fabrication de canons de plus gros calibres et de blindages de 33 centimètres d'épaisseur.

Les objets exposés par la compagnie sont :

Frettes simples.

1 frette en fer de 2ᵐ,300 de diamètre intérieur sur 365 millimètres de longueur et 100 millimètres d'épaïsseur; poids, 2 100 kil.

1 frette de 2ᵐ,030 de diamètre sur 260 millimètres de longueur et 95 millimètres d'épaisseur; poids, 1 400 kil.

1 frette de 1ᵐ,355 de diamètre sur 365 millimètres de longueur et 73 millimètres d'épaisseur; poids, 920 kil.

1 frette de rein, extérieure, pour canon de 34°, pesant 1040 kil.

1 frette de rein, extérieure, pour canon de 24°, pesant 400 kil.

Frettes à tourillons.

1 frette, à tourillons, pour canon de 34°, pesant 2660 kil.

1 frette,	—	de 24°, —	650
1 frette,	—	de 14°, —	140
1 frette,	—	de 10°, —	50
1 frette,	—	de 95ᵐᵐ, —	58
1 frette,	—	de 80ᵐᵐ, —	36

Tubes pour canons.

1 tube foré, tourné et trempé, pour canon de 24°; poids 1395 kil.

1 tube foré, tourné et trempé, pour canon de 16°; poids 480 kil.

1 tube foré, tourné et trempé, pour canon de 14°; poids 230 kil.

1 tube foré, tourné et trempé, pour canon de 120ᵐᵐ; poids 705 kil.

1 tube foré, tourné et trempé, pour canon de 95ᵐᵐ; poids 510 kil.

1 tube foré, tourné et trempé, pour canon de 80ᵐᵐ; poids 300 kil.

1 boulet cylindro-conique pour canon de 32° pesant 345 kil.

Un tronçon de blindage de 2 mètres de long sur 1ᵐ,50 de large et de 0ᵐ,50 d'épaisseur.

Un essieu d'affût de 90ᵐᵐ, pesant 67 kil., et un essieu d'affût de 80ᵐᵐ, pesant 37 kil.

Un enroulage d'acier corroyé de 900 kil., non encore soudé et montrant le mode de fabrication des frettes.

Société nouvelle des forges et chantiers de la Méditerranée. — La Société nouvelle des forges et chantiers de la

Méditerranée, constituée en 1855, possède aujourd'hui deux centres d'exploitation, l'un à Marseille depuis l'origine, l'autre au Havre depuis 1872 et à la suite de la liquidation des chantiers et ateliers de l'Océan. Le nombre des ouvriers employés actuellement par elle varie de 4000 à 5000. Depuis 1855 jusqu'en 1876, elle a exécuté pour 312 millions de francs de constructions diverses, dont 142 millions environ pour les marines militaires française et étrangères ; ses ateliers mécaniques de Menpenti (faubourg de Marseille) et son vaste chantier de la Seyne, dans la rade de Toulon, lui ont permis de construire les plus puissantes machines et les plus gros vaisseaux de la flotte française.

La Société a exposé, dans la classe 67, sur les berges de la Seine (rive gauche), les modèles des vaisseaux construits dans ses chantiers :

Le *Tourville,* croiseur de 1ʳᵉ classe, mis en chantier en 1873 et livré au port militaire de Toulon en 1876, a montré les qualités nautiques les plus remarquables dans la série des essais qui se sont terminés au commencement de l'année 1878 : la puissance de son appareil moteur est de 7 200 chevaux; sa vitesse moyenne est de $16^n,93$; son armement est réparti en deux groupes : l'artillerie des gaillards, comprenant 7 canons rayés de 19^c, installés dans des demi-tourelles barbettes en encorbellement, à une hauteur moyenne de $6^m,25$ au-dessus de la flottaison ; l'artillerie de la batterie couverte, comprenant 14 canons de 14^c, à une hauteur minima de $3^m,10$ au-dessus de la flottaison.

L'*Amiral-Duperré,* vaisseau cuirassé de premier rang, mis en chantier en 1876, doit être terminé en 1880; la cuirasse en fer a une épaisseur de 550 millimètres, et une hauteur de $2^m,460$ vers le milieu; deux machines motrices indépendantes réaliseront une puissance de 6000 et au besoin de 8000 chevaux.

Son armement se compose de 4 canons de 34^c installés dans des tourelles cuirassées, deux en abord sur l'avant et deux dans l'axe du vaisseau, à l'arrière de la cheminée, et de 14 canons de 14° répartis dans la batterie couverte; les hauteurs de ces canons au-dessus de la flottaison sont respectivement de 8ᵐ,30 et de 3ᵐ,78.

Le *Solimoès* et le *Javary,* monitors à deux tourelles pour la marine impériale brésilienne, construits l'un à La Seyne et l'autre au Havre; sur le pont sont deux tou-relles, cuirassées à 33 centimètres, qui renferment chacune deux canons Whitworth de 10ᵖᵐ et de 22 tonnes, montés sur des affûts hydrauliques du système Armstrong.

Le *Jorge-Juan* et le *Sanchez-Barcaïztegui,* croiseurs avec coque en fer, pour la marine royale espagnole, filent environ 13 nœuds pour 1100 chevaux; leur armement se compose de 3 canons rayés de 16°, installés, l'un sur la teugue sur une plate-forme tournante, les deux autres à chaque bord, dans des demi-tourelles en encorbellement; les croiseurs peuvent ainsi tirer en chasse avec leurs trois canons, et par le travers ou en retraite avec deux canons.

La Société a encore exposé deux modèles de bateaux torpilleurs pour les marines française et espagnole et de nombreuses photographies représentant les principaux bâtiments militaires livrés par elle aux marines espagnole, autrichienne, égyptienne et hollandaise.

Dans la nomenclature des constructions faites par la Société depuis 1870, on trouve en ce qui concerne le ma-tériel d'artillerie :

30 batteries de canons rayés de 4 en bronze avec leurs voitures; 10 batteries de canons rayés de 7 en bronze système Reffye, avec leurs voitures; 10 batteries de canons rayés de 7 en acier, système Reffye, avec leurs voitures; 325 obusiers de 22° (transformation de); 640 ca-nons de 16 lisses en bronze, transformés en canons rayés de 138ᵐᵐ; 58 canons rayés de 24° en fonte, tubés et frettés en acier; 100 affûts métalliques pour canons de 138ᵐᵐ, 160 pour canons de 95ᵐᵐ, 300 pour canons de 90ᵐᵐ, 90 pour canons de 155ᵐᵐ, 16 pour canons de 24°.

Compagnie des fonderies et forges de Terre-Noire, La Voulte et Bessèges. (*A. Julien, directeur.*) — La Compagnie anonyme des fonderies et forges de Terre-Noire, La Voulte et Bessèges, créée en 1819, s'est appelée successivement *Compagnie des fonderies et forges de la Loire et de l'Isère* (1822), puis *Compagnie des fonderies et forges de la Loire et de l'Ardèche* (1839), et n'a pris son nom définitif qu'en 1859, à la suite de la fusion opérée avec la *Société des hauts fourneaux et forges de Bessèges.*

Les usines se divisent en trois groupes :

1° Le groupe de la Loire, dont le centre est à Terre-Noire, près de Saint-Étienne, et qui comprend les houillères de Rereux et Janon, les hauts fourneaux et la forge de Terre-Noire, la forge de Lorrette, un atelier pour la fabrication de l'acier Bessemer et un atelier pour la fabrication de l'acier Siemens-Martin ; 2° le groupe de l'Ardèche, dont le centre est à La Voulte et qui comprend les mines de fer de La Voulte, du Lac et de Saint-Priest, de Merzelet et d'Ailhon, les hauts fourneaux de La Voulte, du Pouzin et la fonderie de La Voulte ; 3° le groupe du Gard, dont le centre est à Bessèges et qui comprend les mines de fer de Rochoule, du Travers, les mines de houille de Lalle, les hauts fourneaux, fonderies, forges et aciéries de Bessèges et les hauts fourneaux, forges et aciéries d'Alais.

8 000 ouvriers et employés travaillent dans ces divers établissements qui possèdent 143 machines à vapeur donnant une force de 8 500 chevaux, 19 hauts fourneaux, dont 11 en activité, 8 convertisseurs Bessemer, 15 fours à fondre (Siemens-Martin), 84 fours à puddler, 55 fours à réchauffer, 28 trains de laminoirs et 12 marteaux-pilons. La production annuelle des fontes moulées et des produits finis en fer et en acier s'est élevée, de 1867 à 1877, de 74 500 tonnes à 147 600 tonnes.

Les produits exposés sont répartis en trois sections :

1° La section des fontes moulées ; 2° la section des

fers et aciers laminés ; 3° la section des aciers non martelés.

Dans la première, figure la série des projectiles fournis
par la fonderie de La Voulte ; ce sont des obus de 27ᶜ,
de 22ᶜ, de 19ᶜ, de 16ᶜ, de 155ᵐᵐ, de 14ᶜ, de 138ᵐᵐ, de 10ᶜ,
de 95ᵐᵐ, de 90ᵐᵐ, et des obus de 7.

Dans la deuxième, sont des rails, des chaînes et des
fers de diverses natures pour constructions.

La troisième section, celle des aciers non martelés, est
la plus intéressante : on y trouve la collection des divers
spécimens de fontes, fers et aciers qui ont servi dans les
études sur la résistance à la traction, à la compression,
au choc et à la flexion et qui ont conduit la Compagnie
de Terre-Noire à la fabrication de l'acier coulé sans
soufflure et non martelé. La Compagnie espère réaliser
une économie notable par l'emploi de cet acier non martelé, et a exposé comme types de ces produits des pièces
de 10 et 12 tonnes, des tubes à canons, des frettes et des
projectiles de toutes dimensions. Des cassures de ce
métal, avant et après la trempe, permettent d'en apprécier
la texture, et l'on peut se rendre compte des propriétés
élastiques de ce métal par l'examen de quelques pièces
qui ont été éprouvées par les services de la Guerre et de
la Marine ;

Un tube, tiré à Ruelle, qui a subi une épreuve de
100 coups et dont les déformations ont été inférieures à
celles des tubes en acier martelé essayés comparativement ;

Une éprouvette, tirée à Bourges, aux charges de 300,
400, 500 et 1 200 grammes, sans que l'on ait constaté de
gonflement important ;

Une frette pliée à froid ;

Deux obus de 32ᶜ, qui ont traversé une plaque de fer
de 30 centimètres et un matelas de bois de 85 centimètres
d'épaisseur, et qui n'ont été que très-légèrement déformés ;
la longueur a été réduite de 14ᵐᵐ et la pointe de l'ogive a
été un peu déviée.

Société anonyme des hauts fourneaux, fonderies et forges de Franche-Comté. — Cette Société, fondée il y a vingt-cinq ans, a eu pour but de réunir les divers établissements métallurgiques de Franche-Comté, qui devaient leur antique réputation à la supériorité de leurs fontes, de leurs fers au bois et des produits qui en dérivent. Aujourd'hui, la Société occupe 5000 ouvriers; sa force motrice est de 2210 chevaux pour les moteurs hydrauliques, turbines et roues, et de 2020 chevaux pour ses 52 moteurs à vapeur. La surface des usines et chantiers industriels est de 84 hectares, et la production totale dépasse 75000 tonnes, dont 20000 pour les fontes au bois et au coke.

Les fers au bois de la Franche-Comté sont particulièrement propres au service de l'artillerie ; ses tôles de fer et d'acier doivent à leur mode de fabrication des qualités supérieures.

La Société livre au service de l'artillerie des affûts de canon en tôle de fer et d'acier, des projectiles creux de tous les types, des essieux ébauches de forges, etc., en fer supérieur.

Mignon, Rouart et Delinières. — **Usine à Montluçon (Allier).** — Cette maison expose une spécialité de tubes en fer soudés par recouvrement, ainsi que des tubes étirés pour conduite à gaz, des travaux de serrurerie, etc.

J.-J. Laveissière et fils. — **Bronzes et cuivre.** — L'exposition de MM. Laveissière occupe le centre du pavillon sud de la section française, à l'extrémité de la galerie des machines. Elle est remarquable au point de vue du procédé de fabrication des tuyaux en cuivre rouge sans soudure.

MM. Laveissière ont pris un brevet pour la coulée du bronze en coquille ; les canons en bronze, obtenus par leur procédé, sont exempts de soufflure et méritent d'être mentionnés.

A l'Exposition figurent : des pièces de canon en bronze,

brutes de fonte, fondues en coquille ; deux pièces de canon
en bronze semblables et tournées extérieurement ; une
moitié de pièce de canon en bronze, fondue, tournée,
alésée et coupée en deux dans le sens de la longueur pour
l'examen de l'aspect intérieur ; une masselotte de canon
découpée en rondelles, montrant l'absence absolue de soufflures ou de défauts dans cette partie la plus sujette aux imper-
fections ; une culasse de canon brisée de manière à montrer
la structure du grain ; enfin, au point de vue de l'examen
de la force du métal, une rondelle prise dans un canon et
écrasée par 41 coups d'un marteau-pilon de 1 500 kil.

**Système de Langlade. Procédés appliqués au puddlage,
au soudage et à la fusion du fer et de l'acier au gaz. —**
M. de Langlade, ancien élève de l'École polytechnique,
a réussi à employer le gaz de haut fourneau au soudage,
puis au puddlage du fer, sans que la marche du haut fourneau ait à en souffrir ; par un lavage énergique dans l'eau,
le gaz, refroidi toujours à une même température, est privé
de la plus grande partie de son eau ; il est ensuite réchauffé
dans des régénérateurs Siemens avant d'arriver au four,
où sa combustion se fait à une température bien plus élevée,
parce qu'il contient moins de vapeur d'eau. Ces procédés
paraissent devoir faire réaliser des économies notables.

Établissements Derosne et Cail. — Bien que cette Compagnie n'ait rien exposé au point de vue militaire, il convient néanmoins de signaler les nombreux produits qui
figurent dans son installation. La maison Cail est fondée
depuis plus de soixante ans et ne s'occupait, à son début,
que de travaux de chaudronnerie. Après avoir fabriqué les
premiers appareils à distiller, du système Derosne, elle
abordait la construction des appareils de sucrerie. Peu de
temps après, lors de la création des chemins de fer, elle
installait des fonderies de fer et de cuivre, et, dès 1845,
fabriquait les machines locomotives.

La Compagnie possède des ateliers à Paris-Grenelle, à Denain et à Douai.

Le nombre total d'ouvriers occupés dans ces trois centres dépasse 2 500 et a atteint le chiffre de 4 000.

Le mouvement annuel des matières premières, fonte, fer, houille, etc., employées par les ateliers de Paris, dans ces six dernières années, s'est élevé en moyenne :

Pour les métaux, à 13 500 000 kil.

Pour les combustibles, à 10 000 000 kil.

De leur côté, les ateliers de Denain et Douai ont mis moyennement en œuvre, chaque année, environ 3 500 000 kil. de matières premières et consommé environ 6 000 000 kil. de combustible.

Les principales industries de la maison Cail sont : les appareils de sucrerie, pour la France et les colonies, les machines locomotives, le matériel des chemins de fer et les travaux d'art.

Parmi les machines-outils exposées classe 55, il convient de citer une machine à chanfreiner les tôles, pouvant raboter des tôles de 5 mètres de longueur, une machine pouvant mortaiser des pièces de $0^m,30$ de haut, une machine à tarauder, une machine à centrer et un treuil roulant de 6 000 kil., dont la puissance est considérable, sous un très-petit volume, grâce à un emploi judicieux de la chaîne Galle.

La maison Cail a fabriqué pour l'artillerie, pendant la guerre, 15 mitrailleuses Christophe, 52 mitrailleuses Gatling, plus de 100 canons de 7 en bronze, dont la moitié complétement terminés, des locomotives et wagons blindés, et une grande quantité de projectiles, obus, boîtes à balles, etc.

Actuellement, elle fabrique des affûts en fer pour le canon de 155^{mm} et des affûts pour canon de 14^c de la marine. Enfin, elle construit des locomotives routières dont plusieurs ont été acquises par le ministère de la guerre pour faire le service des forts.

Compagnie des hauts fourneaux, forges et aciéries de la marine et des chemins de fer (anciens établissements Petin et Gaudet). — Les usines de la Compagnie comprennent toutes les diverses branches de l'industrie du fer, depuis l'extraction du minerai jusqu'à la fabrication des aciers les plus fins. Il y a cinq usines principales :

1° Toga, près Bastia (Corse), où quatre hauts fourneaux produisent les fontes et les fers affinés au bois destinés à la fabrication des blindages, des frettes et des aciers fins ; le minerai spécialement employé est le fer oxydulé de Saint-Léon (près Cagliari, Sardaigne) ; le combustible est le charbon de bois provenant des forêts de Saint-Léon.

2° Givors (Rhône), où trois hauts fourneaux au coke donnent les fontes employées pour la fabrication des essieux, bandages, ressorts, canons, etc., et quatre appareils Bessemer servent à faire les lingots pour rails en acier.

3° Rive-de-Gier (Loire), atelier de forge qui possède actuellement 18 marteaux-pilons de 2 à 28 tonnes, et qui, dans ces trois dernières années, a forgé en moyenne 1 200 canons par an, depuis les plus petits calibres (80^{mm}) jusqu'aux plus gros (34e).

4° Assailly, où l'on fond les aciers de toute nature, dans les creusets chauffés au gaz, à la cornue Bessemer ou au four Martin-Pernot. Les premiers canons de fusil en acier fondu ont été faits en 1860 dans cette usine, qui, depuis, en a livré plus de deux millions. Depuis quelques années, on y a entrepris avec succès le moulage de l'acier.

5° Saint-Chamond (Loire), qui fabrique pour l'artillerie les frettes en acier puddlé, laminées par un procédé semblable à celui employé pour les bandages sans soudure, et qui a déjà livré le frettage de 7 000 canons de tous calibres. Cet atelier est également chargé de faire les gros blindages pour cuirasses de navire.

Ces diverses usines occupent un personnel de 5 000 à 6 000 ouvriers et disposent d'une force de 6 500 chevaux-vapeur répartis entre 60 machines. La production moyenne annuelle des matières livrées est, pour le commerce, de 18 000 tonnes de rails d'acier et de 18 000 à 20 000 tonnes de produits finis en fer ou en acier, et, pour les ministères de la guerre et de la marine, de 2 000 à 3 000 tonnes de blindages et de 2 000 à 3 000 tonnes de canons et frettes.

Bouches à feu. — La fabrication des bouches à feu est organisée sur un pied tel que, pendant chacune des trois dernières années, 800 à 1 000 pièces ont été fournies soit à la France, soit aux gouvernements étrangers. Ces pièces sont livrées, en général, à l'état de blocs d'acier fondu forgés, tournés et forés ; mais on peut aussi usiner complétement les bouches à feu, c'est-à-dire les rayer et les munir de leur fermeture de culasse : les canons de 24ᵉ de l'artillerie de terre sont complétement finis dans les ateliers. Les corps de canons en acier les plus importants faits jusqu'à ce jour dans ces usines sont ceux du calibre de 34ᵉ ; un lingot identique à ceux qui ont servi à la fabrication de ces canons est exposé par la Compagnie et pèse 40 tonnes. Dès que le marteau-pilon de 80 tonnes, que l'on fait construire actuellement, sera terminé, on sera à même de fabriquer des canons ayant un calibre de 40ᵉ à 50ᵉ et pesant de 70 à 120 tonnes. — En vue de la construction de ces canons de gros calibre, on a étudié un nouveau mode de fabrication des corps de canons par lequel on espère éviter les accidents souvent inexplicables qui se présentent dans le forgeage des grosses masses d'acier fondu.

On prépare à l'extrémité d'un gouvernail, servant spécialement pour les gros travaux de forge, un noyau en acier puddlé corroyé, ou plus simplement en fer puisqu'il doit disparaître complétement dans le forage. On recouvre ce noyau transversalement d'une série de barres en acier puddlé de section trapézoïdale (fig. 1), qu'on amincit d'abord aux extrémités, puis qu'on cintre comme le montre la figure 2.

Le noyau, ainsi recouvert, est porté dans le four à réchauffer, de manière à l'amener au blanc soudant, puis il
est soumis à l'action d'un fort marteau-pilon pour bien
souder les barres. Après cette opération, la section du
noyau, enveloppée par la première sé-
rie de barres, affecte la forme représentée par la figure 3. On dispose et
on soude de la même manière une
deuxième série de barres diamétrale-
ment opposée à la première, de sorte
que le noyau se trouve recouvert d'un
rang complet de demi-frettes dont les
extrémités sont réunies par de longs
recouvrements qui assurent leur liai-
son (fig. 4). On continue à grouper
ainsi d'autres séries de barres, jusqu'à
ce qu'on obtienne un bloc d'un volume
suffisant pour en tirer par le forgeage
le corps du canon (fig. 5). En modi-
fiant la dureté du métal des barres
trapézoïdales d'acier puddlé, on peut
arriver à faire un bloc d'une dureté plus
ou moins grande.

Fig. 2.

Fig. 3.

Fig. 4.

Un bloc, obtenu par ce procédé, est
exposé par la Compagnie; les expé-
riences faites sur des rondelles prises dans ce bloc, ont
donné des limites d'élasticité comprises entre 20 et 25 kil.
et une résistance à la rupture de 40 kil. par millimètre
carré de la section.

Deux machines assez ingénieuses sont représentées dans
cette exposition : l'une est destinée à retourner les lingots
de manière à soumettre successivement chacune de leurs
faces à l'action du marteau, et a déjà été adoptée par plusieurs forges; l'autre est un appareil très-simple qui permet
de forer en même temps, par les deux extrémités, les tubes
de tous calibres en acier ou en fer.

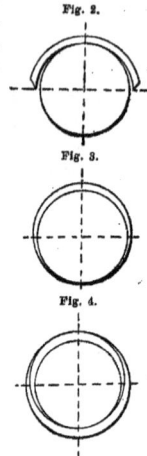

Tôles en fer et acier. — La Compagnie fabrique spécialement pour la marine et pour l'artillerie des tôles d'acier
extra-doux pour les chaudières ou pour les flasques d'affûts;
ces tôles ne trempent pas et résistent à une charge de
43 kil. par millimètre carré de section, tout en prenant

Fig. 5.

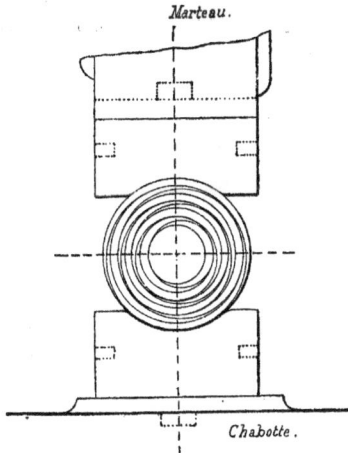

Marteau.

Chabotte.

25 p. 100 d'allongement. Les lingots d'acier doux qui
servent pour la fabrication de ces tôles, sont produits dans
les fours de fusion, système Pernot, à sole rotative et
inclinée.

Blindages. — Les forges de Saint-Chamond ont, depuis
longtemps, entrepris la fabrication des blindages pour cuirasses de navire, et en ont fourni pour un certain nombre de
vaisseaux. Pour satisfaire aux nouvelles conditions impo-
sées par la puissance des canons de gros calibre, elles fabriquent maintenant leurs plaques de blindage en acier cor-

royé soudé; l'assemblage, formé de mises corroyées, est,
en effet, moins cassant qu'un bloc provenant d'un seul
lingot d'acier fondu forgé, et on espère ainsi obtenir une
plaque ayant la dureté de l'acier fondu et à peu près la
ténacité du fer.

Les forges de Saint-Chamond sont arrivées à laminer,
sans courbure des faces latérales, des plaques à section
trapézoïdale, employées par la marine pour le blindage de
la ceinture des navires. On se sert, à cet effet, d'un lami-

Fig. 6.

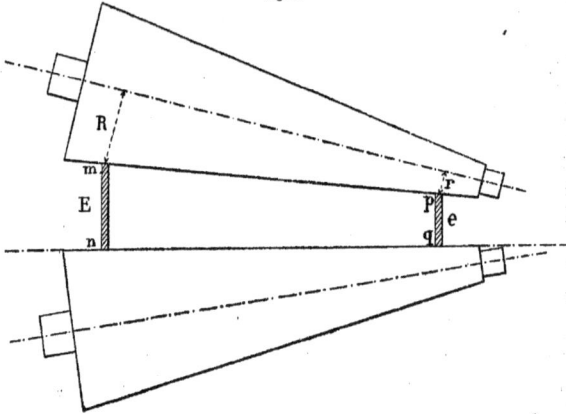

noir spécial représenté figure 6, dans lequel les cylindres
sont remplacés par deux troncs de cône à axes inclinés,
dont les rayons R et r sont proportionnels aux épaisseurs
E et e que la plaque doit avoir à ses deux extrémités. Ainsi,
sur une tranche donnée, *mnpq*, l'allongement de la matière
en chaque point, qui est évidemment proportionnel à la vitesse des troncs de cône en ce point, ou aux rayons de ces
troncs de cône, est proportionnel aussi aux épaisseurs de

la plaque, et, par suite, les deux extrémités de la plaque s'allongent d'une même quantité par l'action du laminoir. Ce procédé est beaucoup plus rapide et moins coûteux que les autres qui consistent, soit à laminer une plaque d'épaisseur uniforme et d'une largeur un peu inférieure à la largeur voulue, puis à l'étirer au pilon de manière à la ramener d'un côté à l'épaisseur minima, soit à enlever au rabot toute la matière en excès dans une plaque d'épaisseur uniforme. La Compagnie a exposé deux plaques obtenues par ce procédé, l'une en fer, ayant 60 centimètres d'épaisseur d'un côté et 32 centimètres de l'autre; et l'autre essayée avec succès à Gâvre pour un des lots de plaques du navire *le Redoutable*.

Enfin, la Compagnie expose un canon en acier sur affût, imaginé par M. Joyeux, architecte à Châville. Ce canon ne présente aucune disposition nouvelle assez saillante pour constituer un progrès réel. La fermeture dérive du système de Reffye, les munitions sont analogues à celles du canon-revolver Hotchkiss.

Dans la pensée de l'auteur, cette pièce, assez légère (212 kil.) pour être traînée par deux ou trois chevaux au plus, serait destinée au service de campagne, mais le projectile ne pèse que 3 kil., et la charge (400 gr.) ne paraît pas pouvoir lui donner une vitesse initiale suffisante.

Houillères, forges, aciéries et ateliers de construction du Creusot (Saône-et-Loire). — L'ensemble des industries de MM. Schneider et Cⁱᵉ embrasse : l'exploitation de la houille et des minerais de fer, les fabrications du coke, de la fonte, du fer, de l'acier, de pièces forgées, et la construction de machines, de chaudronnerie et d'autres appareils divers.

La Compagnie possède, au Creusot même, une houillère, des fours à coke, des hauts fourneaux, une aciérie pour la coulée des lingots, un atelier de forgeage des grosses pièces d'acier, une forge pour la fabrication du fer et le laminage du fer et de l'acier sous forme de profilés, de rails, de tôles, etc.; des ateliers de construction. — Toutes ces différentes parties des établissements sont réunies par un vaste réseau de voies ferrées desservies par un nombreux matériel de locomotives et de wagons. Enfin, pour le service d'entretien et de construction des bâtiments, il existe des ateliers de menuiserie, de charpenterie, de serrurerie, etc.

En dehors du Creusot, la Compagnie possède les annexes suivantes :

Houillère de Montchanin-les-Mines;

Id.   de la Machine, près de Decize;

Id.   de Montaud, à Saint-Étienne;

Mine de fer à Allevard (Isère);

Id.   à Saint-George (Savoie);

Id.   à Mazenay (Saône-et-Loire);

Atelier de construction de ponts et charpentes, à Châlon-sur-Saône;

Fabrique de produits réfractaires à Perreuil;

Enfin, elle est copropriétaire des mines de Beaubrun, à Saint-Étienne, et des mines de Brassac.

Les renseignements statistiques qui suivent donnent une idée de l'importance de la Société du Creusot.

Effectif du personnel au 1er mai 1878.

Mines de fer	1921
Houillères	4960
Hauts fourneaux	734
Aciéries	793
Forge	2637
Ateliers de construction	2708
Chemins de fer et services divers	1499
	15252

Machines à vapeur en activité.

Nombre	281
Force en chevaux	13334

Marteaux-pilons à vapeur. (Y compris le marteau à vapeur
de 80 tonnes.)

Nombre............................... 58

Machines-outils diverses.

Nombre................................ 1050

Production en 1877-1878.

Houilles........................ 549000 tonnes.
Fontes 155000   id.
Fers et aciers.................... 126000   id.
Ateliers de construction........... 25000   id.

Consommation en 1877-1878.

Houilles........................ 572000 tonnes.
Coke............................ 165000   id.
Minerais........................ 400000   id.
Eau............................. 3500000 mèt. c.
Gaz............................. 2200000   id.

Capacité de production en supposant tous les appareils
en marche.

Houilles........................ 700000 tonnes.
Fontes 200000   id.
Fers et aciers.................... 160000   id.
Ateliers de construction........... 30000   id.

Pendant la guerre de 1870-1871 les usines du Creusot
ont livré :

138 canons de 7 en bronze;
12   idem   acier;
77 affûts et avant-trains de canons de 7 ;
150 caissons avec leurs avant-trains;
22 chariots de batterie ;
11 forges de campagne ;
10 chariots de parc pour trains des équipages;
100 canons à balles modèle de Reffye;
100 affûts et avant-trains pour les canons à balles.

Depuis le commencement de la reconstitution du matériel de guerre, le Creusot a effectué aux services de l'artillerie de terre et de mer de nombreuses fournitures d'affûts, de tubes et de frettes de canons, de canons finis, de pièces détachées, et enfin de fer et d'acier sous forme de profilés et de tôles.

Ainsi il a été livré à l'artillerie de terre, environ :

1 700 affûts de campagne et de siége de divers calibres ;

Et aux artilleries de terre et de mer réunies, environ :

1 800 tubes ou corps de canons et canons finis de tous calibres, entre autres des canons de 24° en acier livrés après essais de tir, et plus de 11 000 frettes de canons de tous calibres.

Les établissements du Creusot ont effectué aussi à l'artillerie italienne des fournitures importantes, parmi lesquelles il convient de citer les frettes du canon de 100 tonnes du général Rosset, et, comme matériel de transport de bouches à feu, le truck destiné à transporter ce canon.

MM. Schneider et Cie avaient entrepris en 1854, pendant la guerre de Crimée, l'industrie des blindages ; ils l'ont reprise dans ces derniers temps en se servant d'un acier fondu spécial, connu sous le nom de *métal Schneider* et qui a été l'objet d'expériences faites à la Spezia en 1876 [1]. Actuellement, le Creusot fabrique les plaques des deux cuirassés italiens le *Duilio* et le *Dandolo*.

MM. Schneider et Cie ont dirigé dans ces derniers temps leurs études vers la fabrication des cuirassements en fonte durcie, analogue, comme qualité, à celle qui provient de l'usine Gruson, de Magdebourg.

L'exposition du Creusot est groupée dans un pavillon spécial situé au Champ de Mars, près la porte de Seine.

Ce pavillon contient de nombreux spécimens définissant les matières premières, les produits des diverses industries, ainsi que quelques-uns des appareils et des outillages de production.

---

[1] Voir *Revue d'artillerie*, t. IX, pages 227, 236, 479.

Il renferme, classés méthodiquement, les échantillons des houillères et des mines de fer de la Société, les spécimens des diverses qualités de fer et d'acier, des pièces de forge, une machine motrice d'atelier, une locomotive, l'appareil à hélice de 2 640 chevaux destiné au *Mytho*, bâtiment-transport de la marine française; des modèles de machines; des modèles d'installation de manutention et de transport des minerais de fer et de houille, etc., etc.; un four rotatif à puddler breveté; enfin, à l'entrée du pavillon, une reproduction (grandeur d'exécution) du marteau à vapeur de 80 tonnes. Toute cette exposition est complétée par de nombreux dessins, des aquarelles, des tableaux statistiques et des collections d'albums.

Dans l'industrie spéciale du matériel de guerre, le Creusot expose :

1° Un tube plein en acier pour canon de gros calibre :

Diamètre extérieur.............. 0^m,750

Longueur..................... 11^m,000

Poids........................ 38 000 kil.

Le forage est amorcé à une des extrémités.

2° Un tube en acier destiné à un canon de 240^{mm}.

3° Un tube en acier pour canon de 155^{mm}.

4° Un groupe de six tubes en acier pour canons de 90^{mm}.

Tous ces tubes, destinés à des canons du système de Bange, sont présentés en l'état où ils sont livrés à l'artillerie prêts à être usinés; seuls les canons de 240^{mm} sont complétement finis par le Creusot avant leur livraison.

5° Cassures de canons montrant la texture du métal.

6° Frette-tourillons [1] en acier complétement finie, prête à être placée, destinée au canon [2] du général Rosset, de l'artillerie italienne, en construction à la fonderie royale de Turin.

---

[1] Cette frette ayant été réclamée par la fonderie de Turin pour lui être livrée avant la clôture de l'Exposition, n'a pu y figurer, mais il est facile de se rendre compte de l'importance de cette pièce par le modèle en bois du canon qui figure sur le truck derrière le pavillon.

[2] Voir *Revue d'artillerie*, tome VII, page 505, la description du canon de 100 tonnes.

Les dimensions de cette frette sont les suivantes :

Diamètre extérieur.............. 1^m,8002
  Id. intérieur.............. 1 ,5896
 Poids....................... 3 810^k

7° Frettes en acier fondu pour canons de 240^{mm}.

8° Frettes en acier puddlé pour canons de 240^{mm}.

Dans ce groupe de pièces figure un procédé breveté pour la fabrication de la frette à tourillons. Ce procédé a pour but d'assurer une grande homogénéité à la pièce et de prolonger dans les tourillons les fibres du métal suivant des plans perpendiculaires à l'axe du canon. Il consiste à faire venir par un forgeage au pilon sur la barre laminée

Fig. 7.

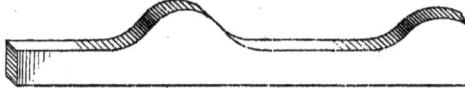

d'acier puddlé des renflements du métal espacés d'une demi-révolution de la barre enroulée (fig. 7).

De cette façon, lorsqu'on enroule la barre, les renflements, se superposant, déterminent un excès de matière répartie aux deux extrémités d'un même diamètre, dans

Fig. 8.

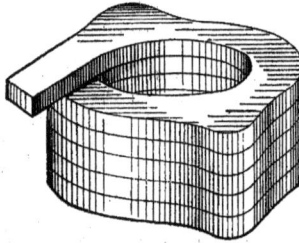

lequel on peut forger les tourillons, qui se trouvent ainsi faire partie de la masse de la pièce (fig. 8).

9° Truck, de l'artillerie italienne, pour le transport des bouches à feu jusqu'au poids de 120 tonnes.

Ce truck est exposé derrière le pavillon. Pour bien démontrer le but auquel il est destiné, on a placé dessus une reproduction en bois (grandeur d'exécution) du canon de 100 tonnes du général Rosset.

Ce truck est composé essentiellement d'un pont reposant sur deux bogies articulés au moyen de deux chevilles ouvrières. Chaque bogie peut, isolément, servir de wagon et porter 65 tonnes. Les bogies sont munis, à cet effet, d'attelages et de tampons amovibles.

Dimensions principales.

Longueur totale entre tampons . . .	21^m,570
Hauteur de l'axe des tampons au-dessus du sol.	1 ,030
Longueur du pont entre les chevilles ouvrières	13 ,000
Longueur d'un bogie entre tampons extrêmes	8 ,500
Diamètre des roues au contact. . . .	1 ,010
Nombre des essieux de chaque bogie.	6
Poids du pont et des 2 bogies avec attelage, outillage, rechanges	50,000 kil.
Charge approximative par essieu, le truck étant chargé d'un canon de 120 tonnes	14,000
Charge par mètre courant de voie sur l'empattement total	9,000
Charge totale par mètre courant de l'empattement d'un bogie	14,400
Minimum de rayon des courbes des voies sur lesquelles le truck peut circuler.	120 mètres

Outre les objets qu'on vient d'énumérer, le Creusot a

exposé un flasque d'affût de 90, et, dans des vitrines, des spécimens d'essieux d'affût, de pièces de fermeture de culasse, etc., la plupart cassés et éprouvés. Ces échantillons de fabrication ont pour but de démontrer la qualité du métal employé.

Les cuirasses de navire complètent les spécimens de fabrication de matériel de guerre exposés par le Creusot; ce sont :

1° Une plaque de blindage en métal Schneider, de même fabrication que les plaques essayées à la Spezia en octobre 1876, destinée au cuirassement d'une tourelle de navire et cintrée sur un rayon de $6^m,800$.

Longueur de la plaque.	$4^m,200$
Largeur.	$2,600$
Épaisseur	$0,800$
Poids.	$65,000$ kil.

2° Un système de boulonnage, pour plaques de blindage, breveté.

Ce système est représenté supportant un fragment de muraille d'un navire cuirassé avec plaques en métal Schneider de $0^m,55$ d'épaisseur. Les boulons ne traversent pas la plaque de part en part ; leur extrémité taraudée ne la pénètre que dans une faible partie. Le blindage n'est donc pas affaibli comme à l'ordinaire dans le voisinage des trous de boulons, et le système a pour effet d'assurer une meilleure conservation de la plaque.

3° Système cellulaire breveté de tenue des plaques de blindage.

Ce système diffère du précédent par la suppression complète des boulons ; la plaque est tenue dans des cellules ou sortes de boîtes dont les parois font partie intégrante de la construction du bâtiment.

LES MITRAILLEUSES.

Divers types de mitrailleuses figurent à l'Exposition; les uns, connus depuis longtemps et déjà expérimentés par les puissances européennes, seront surtout examinés ici au point de vue des perfectionnements qui ont été récemment apportés à leur construction; les autres, qui sont nouveaux, ou, du moins, qui n'ont pas encore paru sur nos champs de tir, pourront être l'objet d'une description plus complète et d'un examen plus détaillé.

CANON-REVOLVER HOTCHKISS.

Le canon-revolver Hotchkiss est connu des lecteurs de la *Revue d'artillerie* depuis 1873 ([1]). Cette bouche à feu tient à la fois de la mitrailleuse par son fonctionnement et du canon par son projectile, véritable petit obus armé d'une fusée percutante.

Les caractères distinctifs du mécanisme sont les suivants :

1° Rotation des canons sans rotation de la platine qui comprend un piston de chargement, un percuteur, un ressort et un extracteur unique pour tous les canons. Chacune de ces pièces peut alors recevoir une forme et des dimensions qui lui assurent une solidité à toute épreuve. La rotation des canons est d'ailleurs discontinue, l'arrêt correspond à la position de tir.

2° Appui, au moment du tir, du culot de la cartouche sur une partie fixe d'une masse considérable, ce qui permet d'employer des charges assez fortes.

C'est dans le but de mieux réaliser ces importants avantages que l'inventeur a apporté à son canon-revolver diverses modifications dont les principales, représentées dans la figure 1, planche II, sont les suivantes :

([1]) Voir t. II, p. 258, 472.

1° Augmentation de l'épaisseur de la boîte de culasse à sa partie antérieure;

2° Mise de feu correspondant à la position inférieure du canon, tandis que, dans les anciens modèles, elle avait lieu à la position supérieure;

3° Remplacement du ressort à boudin qui actionnait le percuteur par un fort ressort en V dont la branche postérieure est comprimée par la porte de culasse à laquelle il est relié par une vis-pivot qui traverse son coude.

Indépendamment de ces dispositions nouvelles, spéciales au mécanisme, le canon-revolver exposé en 1878 dans la section française diffère sensiblement par ses dimensions du modèle qui a été décrit dans la *Revue d'artillerie* en 1873. Il est plus lourd malgré la réduction du nombre des canons à 5 au lieu de 6, et une diminution de 3 millimètres dans le calibre, 37 au lieu de 40. La longueur d'âme est augmentée de plus d'un quart. Le projectile est un peu plus léger, la charge est au contraire plus forte. L'ensemble de ces modifications paraît devoir influencer favorablement le tir.

La vitesse du feu peut atteindre 60 à 80 coups par minute. Le démontage et le remontage se font à la main, sans le secours d'aucun outil.

Voici, du reste, les données principales relatives au canon-revolver de campagne et à ses munitions :

Calibre.		37mm
Canons.	Nature du métal.	Acier Whitworth.
	Nombre	5
	Poids de chaque canon . .	36 kil.
	Longueur totale de l'âme . .	1 276 millimètres.
Rayures.	Nombre	12
	Pas.	1 250 millimètres.
Longueur totale de la pièce		1 990 —
Poids total		500 kil.
Prépondérance.		35 —

Obus (système Hotchkiss) :

Diamètre sur la ceinture	37mm,8
Longueur (avec la fusée)	110 millimètres .
Poids total du projectile chargé	525 grammes.
Poids de la charge d'éclatement	25 —

Douille :

Longueur totale	120 millimètres.
Poids	115 grammes.
Poids de la charge	112 —
Vitesse initiale du projectile	460 mètres.

L'affût, construit en fer et acier, a des roues à moyeu métallique.

Les sabots d'enrayage que possédait l'ancien modèle sont remplacés par deux freins ; la face interne du moyeu présente une surface conique en saillie qui s'emboîte dans le creux également conique d'un manchon vissé sur l'essieu et muni d'un levier de manœuvre. Les surfaces de frottement une fois en prise, le recul tend à augmenter le serrage.

La partie supérieure de l'affût est disposée de telle sorte que l'on peut achever le pointage en direction sans déplacer la crosse. A cet effet, les tourillons reposent sur un support à pivot ; la vis de pointage est articulée à la culasse et son écrou se déplace horizontalement sous l'action d'une vis à volant. On peut également se servir de cet appareil pour obtenir une dispersion latérale en déplaçant l'écrou entre deux positions extrêmes repérées.

· Le poids de l'affût, avec les armements et accessoires, est de 460 kil. ; celui de l'avant-train, qui transporte 380 charges, atteint 700 kil. Le poids de la voiture chargée avec la pièce est, par suite, de 1,660 kil.

Indépendamment des canons-revolvers de campagne dont le type est exposé, M. Hotchkiss construit, sous la dénomination de canon-revolver de marine, une bouche à feu plus légère (204 kil.) du même calibre (37mm), qui lance, avec une charge de 80 grammes, un projectile de 455 grammes. Ce canon est monté sur un chandelier à pivot ; une crosse, que le pointeur appuie à l'épaule gauche, sert à le diriger.

Le *Mémorial de l'artillerie de la marine* a publié dans son tome VI, première livraison de 1878, un résumé très-complet des expériences qui ont été faites avec cette bouche à feu.

MITRAILLEUSES GATLING.

La Compagnie Gatling, à Hartford (Connecticut), expose trois mitrailleuses dans la section des États-Unis :

Mitrailleuse à 10 canons du calibre de un pouce (25mm,5), montée sur affût de campagne en bois ;

Mitrailleuse à 10 canons du calibre de fusil, sur affût de campagne en bois, avec avant-train ;

Mitrailleuse courte à 5 canons du calibre de fusil, montée sur trépied.

Ces trois modèles permettent de constater les divers changements et améliorations qui ont été apportés au mécanisme depuis l'Exposition de Vienne ([1]) et qui vont être successivement décrits.

Les tambours de chargement, qui étaient peu maniables et qui donnaient lieu à de fréquents arrêts dans le tir, ont été supprimés et remplacés par des boîtes de 40 cartouches, munies d'une fermeture à ressort, qui se placent verticalement dans une coulisse au-dessus de l'ouverture de la trémie. Un poids logé à la partie supérieure de chaque boîte descend avec les cartouches et assure l'écoulement des dernières.

L'ouverture de la trémie, qui, dans les anciens modèles, était un peu sur le côté, est aujourd'hui au-dessus de l'axe de la mitrailleuse. La cartouche arrive, par suite, dans une direction normale à la courbe qu'elle suivra avec le

---

([1]) Deux spécimens de mitrailleuses Gatling, exposés à Vienne, ont été décrits dans la *Revue d'artillerie*. Voir t. III, février 1874, p. 377.

pignon ; il y a moins de chance d'arrêt et moins de difficultés à prévoir pour le cas où l'on aurait à tourner la manivelle en sens inverse. A ce point de vue, cette disposition constitue un progrès réel.

Avec une distribution ainsi améliorée, on peut compter
sur un tir plus rapide, et l'on a calculé en conséquence
l'engrenage de transmission pour les mitrailleuses à
10 canons avec manivelle latérale (¹).

Dans la mitrailleuse courte à cinq canons une enveloppe
de bronze protège contre la rouille et contre la boue les
canons et le mécanisme. La manivelle est à l'arrière et
montée sur l'arbre même du faisceau des canons. Cette
disposition est combinée avec un système de dispersion
particulier dont le mécanisme est le suivant :

L'enveloppe de la mitrailleuse (fig. 2, pl. II) embrasse
par deux oreilles la vis horizontale qui donne le pointage en direction et qui traverse un écrou monté à genou
sur la tête de la vis de pointage. L'oreille de gauche
glisse librement; l'oreille de droite, prolongée à droite par
un manchon, entraîne le bouton moleté de droite, D. Ce
dernier (fig. 3, pl. II) est goupillé avec une vis intérieure,
séparée en deux parties de longueur inégale qui sont enve-
loppées par deux ressorts à boudin, R et R' (fig. 4). Lorsqu'on tourne le bouton D, la bague A, taillée en écrou
et guidée par ses tenons dans les rainures du tube qui
enveloppe la vis, se déplace suivant l'axe de ce tube. Dans
la position qu'elle occupe sur la figure, vers l'extrémité de
sa course opposée au bouton, elle laisse détendu le ressort R. La vis intérieure, avec ses bagues, peut alors se
porter vers la droite en même temps que la mitrailleuse
en comprimant le ressort R et en laissant se détendre le
ressort R' qui enveloppe la partie gauche. Le jeu alter-
natif des deux ressorts assure le mouvement de va-et-vient

(¹) D'après le *Times* du 20 juillet 1877, on a tiré à Portsmouth, à bord de l'*Excellent*, une mitrailleuse à 10 canons, avec manivelle à l'arrière, construite par sir
W. Armstrong. L'essai a bien réussi ; la rapidité du tir a été très-grande.

qui donne la dispersion. L'amplitude de cette dispersion
est d'ailleurs variable suivant que la bague A, plus ou
moins rapprochée du milieu de la vis, laisse se détendre
plus ou moins le ressort de droite.

Le système de dispersion des deux mitrailleuses à
10 canons et à manivelle latérale est tout autre et se rapproche beaucoup plus de celui qui a été décrit en 1874,
d'après le spécimen exposé à Vienne. Il est fondé sur le
même principe que ce dernier et n'en diffère que par la
disposition des pièces.

La culasse emboîte le dessus d'un glisseur horizontal
qui est relié à la tête de la vis de pointage. Sur la gauche
de ce glisseur est une tige verticale qu'on peut élever ou
abaisser et déplacer latéralement de manière à l'engager
dans l'une ou l'autre des deux rainures creusées autour
d'un prolongement de l'arbre à manivelle.

La rainure de droite est formée dans le cylindre par
deux plans perpendiculaires à l'axe; quand elle reçoit la
tige du glisseur, elle ne donne à la pièce, par rapport à
celui-ci, aucun mouvement latéral.

La rainure de gauche, au contraire, est limitée par des
surfaces hélicoïdales qui, conduites par la tige pendant la
rotation de l'arbre, rapprochent ou écartent des points
fixes l'axe de la mitrailleuse et donnent ainsi à l'arme
une dispersion dont l'amplitude est invariable.

Le mouvement latéral de la tige sur son chariot sert
aussi pour donner le pointage en direction.

La mitrailleuse à 10 canons repose par ses tourillons
sur les deux bras d'un support en fonte, relié à l'affût par
l'intermédiaire d'un plateau en fonte muni d'un pivot. La
flèche et le corps d'essieu sont en bois. Une vis de serrage, placée sur le côté gauche de la flèche, pénètre dans
une rainure de la vis de pointage et sert à fixer l'inclinaison de l'arme. Les roues ont un moyeu partie en bois,
partie en fer.

L'avant-train de la petite mitrailleuse à 10 canons porte

un grand coffre dont l'arrière se rabat autour d'une charnière ; il contient 50 boîtes de 40 cartouches dans un nombre égal de cases, soit en tout 2 000 cartouches.

La mitrailleuse courte à 5 canons, montée sur trépied pour la défense des ouvrages, et qui pèse moins de 50 kil., peut aussi être placée sur affût roulant et convient spécialement pour le service avec la cavalerie. C'est également le type recommandé pour le transport à dos de mulet.

La compagnie Gatling affirme qu'on peut porter à 800 coups par minute la vitesse du tir de cette arme. Avec la petite mitrailleuse à 10 canons on atteindrait 1,000 coups par minute.

MITRAILLEUSE GARDNER.

La mitrailleuse Gardner, exposée par la compagnie Pratt et Whitney, à Hartford (Connecticut), est une arme à 2 canons fixes, du calibre de fusil, protégés par une enveloppe en bronze. La bouche à feu est reliée par un axe horizontal A à une sellette en bronze à pivot, supportée par un trépied (voir la fig. 5, pl. II, qui représente l'élévation gauche du système).

La partie postérieure de l'enveloppe est prismatique ; le dessus, formant couvercle, s'ouvre au moyen du bouton à vis B et peut se rabattre autour de la charnière C, en découvrant le mécanisme que représentent les figures 6, plan de la partie adhérente au couvercle vu en dessous, 7, plan de la partie logée dans la boîte vu en dessus, et 8, coupe verticale de l'ensemble.

Le mécanisme est actionné par un arbre transversal à manivelle a.

Chaque canon a son porte-percuteur (représenté isolément par les figures 9, 10 et 11) qui repose sur le fond de la boîte de culasse par les roulettes b et qui prend un mouvement de va-et-vient par l'action sur les guides D et E d'un galet, G, relié à l'arbre de manœuvre. Le profil de ces pièces est calculé de manière à donner un arrêt à chacune des positions extrêmes du porte-percuteur.

Du milieu du guide antérieur E se détache horizontalement une tige qui, d'abord prismatique, se continue par le piston de chargement *o*, auquel est fixé l'extracteur *d*. Dans le piston est logé le percuteur *e*, dont le jeu est réglé par un levier coudé, mobile autour de l'axe *f*, et par un fort ressort en V, *g*. Le grand bras du levier *h* est maintenu horizontalement par un disque H, calé sur l'arbre de manœuvre. Dans cette position, le petit bras *i*, ramené vers l'arrière, bande le ressort et retient l'aiguille dans l'intérieur du piston. A un moment donné, une échancrure du disque laisse échapper le grand bras ; le ressort se détend et le petit bras, prenant la position verticale, chasse la pointe du percuteur en avant du piston. Les disques H sont reliés entre eux par les galets G et forment avec eux le système entier de l'arbre à manivelle.

On peut, à volonté, empêcher le jeu des percuteurs à l'aide d'une pièce transversale K, mobile autour de son axe au moyen d'une petite manivelle et d'un bouton à ressort *j* et dont le profil est excentrique. Une des deux positions extrêmes de cette traverse correspond au tir ; dans l'autre, figurée en pointillé (fig. 8), la traverse arrête les petits bras des leviers avant qu'ils aient repris la position verticale, maintient les ressorts constamment bandés et ne permet que la manœuvre à blanc.

Il reste à examiner le mécanisme de distribution dont les parties principales sont fixées au couvercle de culasse.

Les cartouches sont superposées dans un guide vertical, L ; celle du bas est arrêtée dans une lunette *l* qui, au repos, n'est pas au-dessus de l'auget de chargement *m*. Pour l'y transporter, la lunette peut prendre autour d'un axe fixe *n* un mouvement de rotation qui, en raison de la grande longueur du rayon, est, par rapport à l'arme, un mouvement transversal. Le mouvement est donné par un ressort en V, *o*, relié par un rivet *p* au manche *q* de la lunette et dont les branches sont fixées à une traverse du couvercle. Le ressort est lui-même bandé, à chaque retour du percuteur à l'arrière, par une saillie *r*, que porte celui-ci et qui dévie à droite le doigt *s* relié au ressort.

En même temps qu'elle apporte la cartouche, la lunette expulse l'étui qui a été ramené par l'extracteur. A cet effet, elle porte une saillie prismatique, *t*, qui, au repos, est logée dans un évidement, *u*, de la joue gauche de l'auget ; en se déplaçant à droite avec la lunette, cet éjecteur repousse l'étui contre la joue droite et le fait tomber à terre par un évidement ménagé dans le fond de la boîte.

Le guide-cartouche L, fixé par un bouton à ressort dans une coulisse à la partie supérieure de l'arme, présente une double rainure dont le fond a plus de largeur que l'entrée. Les cartouches sont placées, au nombre de vingt, sur deux lignes dans les trous cylindriques d'une boîte en bois, le culot seul faisant saillie. Une feuille de fer-blanc, formant couvercle, les empêche de s'échapper. Le pourvoyeur coiffe le guide avec cette boîte, la descend de manière à mettre les culots en prise dans la rainure et l'enlève en portant brusquement la main vers l'avant. Dix cartouches arrivent à chaque canon ; pendant qu'on les tire, une autre boîte est facilement mise en place. Le tir est continu.

Les détails de l'affût sont très-simples.

Le plateau supérieur du trépied est entouré d'une couronne, P, qui porte à l'arrière une dent, Q, engagée dans la sellette. Quand la couronne tourne autour du plateau, elle entraîne la sellette et place l'arme dans une direction quelconque. En serrant une clef, on fixe la couronne.

On peut faire varier à volonté la largeur de la rainure qui embrasse la dent ; il suffit de faire tourner autour de son axe, au moyen de la petite manivelle et du bouton à ressort R, une pièce double taillée en hélice et placée à l'intérieur de cette rainure. La mitrailleuse est ainsi soit complétement fixée, soit libre de prendre un mouvement latéral dont l'amplitude varie suivant que le bouton est arrêté à l'un ou à l'autre de 16 trous numérotés. Cette dispersion n'est pas automatique ; mais un servant peut facilement la mettre en jeu en poussant soit la pièce elle-même, soit la queue de la sellette.

A l'arrière de celle-ci est la vis de pointage S, dont la tête est articulée à la culasse. L'écrou, qu'on fait tourner avec un volant T, est relié à un fourreau, U, qu'on peut placer dans une position plus ou moins élevée entre les deux mâchoires V de la queue de sellette, de manière à pointer sous les petits ou sous les grands angles.

La hausse X, placée à gauche, est manœuvrée au moyen d'un pignon ; le guidon est formé par une pointe dirigée vers le bas dans l'encadrement d'une petite fenêtre, Y.

Les expériences qui ont été faites en Amérique ([1]) ont, paraît-il, donné des résultats très-favorables à cette mitrailleuse qui, avec deux canons seulement, pourrait tirer de 300 à 400 coups par minute. Tous les organes sont solides et très-simples ; le démontage se fait en un instant, sans le secours d'aucun outil.

MITRAILLEUSE CHRISTOPHE-MONTIGNY.

La mitrailleuse Christophe-Montigny n'a pas été décrite dans la *Revue d'artillerie,* qui s'est bornée à rendre compte de divers tirs exécutés avec cette arme ([2]) dont le mécanisme est d'ailleurs bien connu. On en rappellera seulement ici les dispositions principales.

Les canons sont fixes et groupés en faisceau dans un manchon en fer ; l'appareil de percussion est contenu dans une boîte qui se déplace d'avant en arrière au moyen d'un

---

([1]) Le *Journal d'artillerie russe* a donné, dans son numéro de juin 1878, un résumé de ces expériences exécutées avec une mitrailleuse à 6 canons, qui diffère, par quelques détails de construction, de l'arme à 2 canons exposée par la compagnie Pratt et Whitney.

([2]) Voir *Revue d'artillerie,* tome XII, page 28.

levier placé dans le plan vertical qui contient l'axe de la bouche à feu. Un second levier, placé sur le côté droit dans un plan perpendiculaire à l'axe, fait monter ou descendre la plaque ou tiroir dont le mouvement laisse déclancher successivement les percuteurs. Ce levier actionne, en même temps, une dispersion d'amplitude variable. Les cartouches sont portées par des plaques qu'on loge à l'avant de l'appareil de percussion.

M. Montigny a exposé, dans la section belge, deux mitrailleuses montées sur affût roulant qui ne paraissent présenter aucune disposition nouvelle. L'une a 37 canons de 88 centimètres de longueur; l'autre n'en a que 19, dont la longueur est seulement de 55 centimètres. Cette dernière semble destinée à la guerre de montagne.

A côté de ces deux engins sont placées des photographies qui représentent la mitrailleuse de bord du même constructeur.

MITRAILLEUSE DE MARINE ITALIENNE.

La mitrailleuse de bord, exposée dans la section italienne par le ministère de la marine, a été construite à Venise en 1877. Elle est du système Montigny, à 31 canons.

Une seule modification importante semble devoir être signalée dans la construction de cette arme. Le levier de droite, qui actionne à la fois la plaque de déclanchement et le disperseur, est reporté vers l'arrière de la pièce et placé ainsi sous la main du servant qui ouvre la culasse au moyen du levier d'arrière. La manœuvre des deux leviers par le même homme, très-incommode avec la mitrailleuse Montigny, est, par suite, rendue très-facile.

Voici, du reste (fig. 9), le détail du dispositif représenté par une élévation perpendiculaire à l'axe, dans laquelle la cage de culasse est figurée par un trait pointillé :

a est le tenon fixé à la plaque de déclanchement; il est assujetti à glisser dans une rainure; la bielle abB le conduit. L'axe B, qui tourne dans deux colliers fixés à la pièce, reçoit son mouvement de rotation d'un autre axe **A**, placé plus haut et à droite. Cet axe **A**, mobile dans un support relié à la cage de culasse, est lui-même actionné par

Fig. 9.

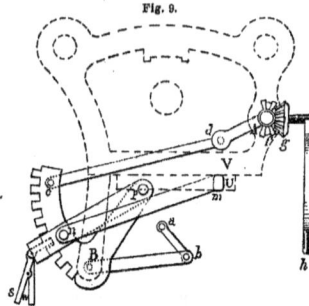

l'intermédiaire des roues d'angle *f* et *g,* par le levier-manivelle *h*. C'est donc, en définitive, le mouvement de ce levier *h* qui conduit le tiroir.

Voici, maintenant, comment se produit la dispersion :

Le point *n* du système articulé B*cd*A est relié par un bras *nm* à la pièce **U** qui fait partie du support. Le mouvement du système tend, par suite, à déplacer cette pièce; comme elle est fixe, c'est l'ensemble même de l'arme qui se meut, la pièce **V**, munie d'une coulisse, glissant sur **U** qui porte une languette.

On peut, du reste, déplacer l'axe *n* entre les positions extrêmes B et *c*. L'arc B*c* est denté; une dent, qu'on soulève en agissant sur la poignée à ressort *s*, arrête dans une position quelconque le bras *np*, mobile autour du centre *p* de l'arc et, avec le bras, l'axe *n*. Quand *n* est en B, la dispersion est nulle; quand *n* prend la position *c*, la dispersion atteint son maximum, 5°.

On donne le pointage en hauteur au moyen d'une crémaillère verticale fixée à la pièce **U** qui supporte la culasse.

La roue dentée qui fait mouvoir cette crémaillère reçoit elle-même son mouvement, par l'intermédiaire d'un pignon et d'une vis sans fin, d'un volant-manivelle placé à l'arrière, sous la main gauche du pointeur.

A portée de sa main droite se trouve le levier qui permet de faire tourner l'ensemble sur la partie fixe du chandelier et de placer la pièce dans un azimut quelconque. Le pointage en direction s'achève par un mouvement du glisseur V, obtenu à l'aide d'une vis.

22 plaques porte-cartouches chargées sont disposées dans les coulisses d'une garniture en tôle qui enveloppe les côtés et l'avant du chandelier. Les plaques, après le tir, tombent avec les étuis vides sur une planche à bascule qui les fait glisser doucement dans un auget fixé au pied du support.

La mitrailleuse pèse 190 kil., l'affût 238. Le poids total de l'arme montée sur son affût est de 428 kil.

On peut la pointer sous les angles compris entre —20° et + 20°.

MITRAILLEUSE PALMCRANTZ.

La mitrailleuse Palmcrantz est inscrite au catalogue de la section suédoise; mais elle ne se trouve pas au Champ de Mars. La *Revue d'artillerie* a, du reste, donné à ses lecteurs une description complète de cette arme [1], un aperçu des perfectionnements apportés à sa construction [2] et un résumé d'expériences exécutées récemment en Suisse avec un des derniers modèles [3].

MITRAILLEUSE D'ALBERTINI.

Dans la section suisse figure une mitrailleuse dont l'invention appartient au colonel autrichien d'Albertini et qui

---

[1] Voir tome III, page 429.
[2] Voir tome VI, page 88.
[3] Voir tome XII, page 28.

a été construite et exposée par la maison Reishauer et
Bluntschli, de Zurich.

Bien que le colonel d'Albertini se soit occupé pendant
dix ans de la construction des mitrailleuses et en ait déjà
présenté divers spécimens, le dernier modèle, qui a reçu
des perfectionnements très-importants, peut être considéré
comme une arme nouvelle. La *Zeitschrift für die schwei-
zerische Artillerie* en a donné, dans son numéro d'août 1878,
une description à laquelle sont empruntés plusieurs des
détails qui suivent, ainsi que le dessin (pl. III) qui représente la mitrailleuse (¹).

L'arme compte dix canons fixes A, du calibre de fusil,
disposés dans un même plan comme dans la mitrailleuse
Palmcrantz (²). Des pistons de chargement B (fig. 1), en
nombre égal, fixés à une traverse C, peuvent prendre avec
celle-ci un mouvement de va-et-vient par le jeu d'un excentrique D*dd′* (fig. 2 et 3) calé sur l'arbre de manœuvre Z.
Chaque piston est muni d'un extracteur E, et contient le
percuteur F et son ressort à boudin.

Le fonctionnement de chaque percuteur est assuré au
moyen d'un crochet G qui saisit, pour le ramener en arrière,
un talon du percuteur, bande ainsi le ressort, puis, aban-
donnant presque immédiatement le talon, laisse déclancher
le percuteur. Le mouvement du crochet lui est communi-
qué par l'arbre de manœuvre au moyen d'un excentrique
H*h* (fig. 1 et 3). En abaissant la pièce J, qui guide les crochets, et en mettant ainsi les talons hors de leur portée, on
suspend le jeu des percuteurs, l'arme est alors disposée
pour la manœuvre à blanc.

Deux verrous, également mus par l'arbre au moyen
d'excentriques K,L (fig. 1), dont l'un donne l'ouverture,

_____

(¹) La mitrailleuse représentée par ce dessin diffère en quelques points de celle qui
se trouve au Champ de Mars. Comme la Revue suisse est dirigée par le constructeur
lui-même, le colonel d'artillerie Bluntschli, on est en droit de voir, dans les modifications indiquées par ce Journal, les derniers perfectionnements apportés à l'arme
depuis l'ouverture de l'Exposition.

(²) Le colonel d'Albertini avait déjà adopté cette disposition dans un premier modèle construit en 1868.

l'autre la fermeture, viennent pendant la durée de la salve s'appuyer derrière la traverse des pistons et assurent ainsi la fermeture hermétique des canons.

La distribution des cartouches est toute particulière, entièrement nouvelle, et, d'après les premiers essais faits par les constructeurs, elle fonctionne avec précision et facilité, sans jamais amener d'arrêt dans le tir.

Le magasin M, placé au-dessus des canons, est formé de tubes en laiton dans lesquels les cartouches sont placées verticalement, en file, le culot en dessus. Un transporteur N, qui peut décrire autour d'un axe horizontal un quart de cercle, reçoit dix cartouches du magasin, vient les présenter horizontalement à la bouche des canons, et reprend ensuite par une rotation inverse la position verticale. L'excentrique P$pp'p''$ qui détermine ce mouvement est disposé sur l'arbre de manœuvre extérieurement au reste du mécanisme. En s'abaissant, le transporteur fait glisser un tiroir qui ferme le magasin; en se relevant, il ramène ce tiroir à sa position première et reçoit dix nouvelles cartouches.

Pour que le transporteur puisse se relever au moment où les pistons de chargement ont pénétré dans ses tubes, ces derniers présentent une disposition particulière. Chacun d'eux est formé de deux demi-cylindres, indépendants l'un de l'autre et reliés respectivement à deux traverses qui prennent l'une par rapport à l'autre un léger mouvement latéral; les deux moitiés du tube s'écartent alors et peuvent remonter en laissant en place le piston de chargement. Un mouvement inverse des deux traverses les rapproche ensuite.

Les tuyaux du magasin sont en nombre double de celui des canons et forment ainsi un double jeu. En déplaçant de la position q à la position q' le levier Q articulé au magasin, on met alternativement chaque jeu en correspondance avec les canons ou avec le châssis d'alimentation. Celui-ci a la même forme que le magasin et contient comme

lui 160 cartouches dans 20 tuyaux; on le place verticalement par-dessus et, quand il est vide, on le remplace par
un autre.

Chacun des tuyaux porte une fente qui laisse voir à
chaque instant la consommation de cartouches.

Si un accident survient à l'un des canons, on arrête, en
poussant à la main un tiroir, l'écoulement des cartouches

Fig. 10.

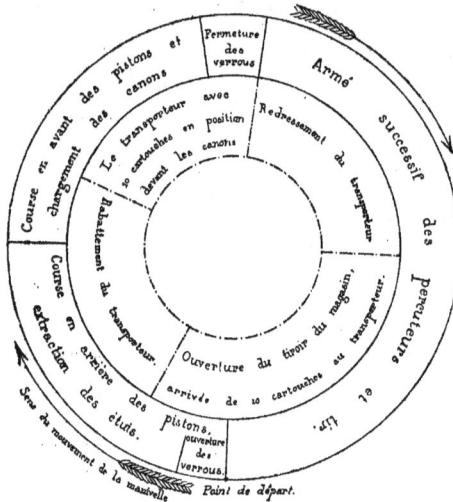

dans le tube de même numéro et l'on peut continuer le tir
avec les autres.

Le diagramme (fig. 10) représente la succession des
actions du mécanisme pendant la rotation de l'arbre et
leur correspondance avec les diverses phases de la distribution. Il est orienté de telle sorte que les rayons indi-

quent les positions de la manivelle **X**, qui conduit l'arbre et tout le mécanisme.

Indépendamment du mécanisme proprement dit, il convient de signaler la dispersion automatique dont l'organisation est la suivante :

L'excentrique **R**, calé sur l'arbre de manœuvre, fait monter ou descendre un tenon r (fig. 4) engagé dans une glissière SS′ fixée à l'affût. Cette glissière étant oblique, le tenon ne peut exécuter son mouvement de bas en haut qu'en se portant de droite à gauche en entraînant l'arme avec lui. On fait varier à volonté l'amplitude de la dispersion en desserrant la vis S′ qui porte une tête à deux branches et en déplaçant dans la rainure tt' l'extrémité de la glissière. Quand celle-ci est en t, la glissière est verticale, la dispersion est nulle; son maximum correspond à la position t'. Une chemise de tôle enveloppe le mécanisme et le garantit de la boue ; une plaque, **U**, placée devant le magasin, protége le tireur. L'affût est formé de deux flasques en tôle ployée à l'intérieur. Une vis, **V**, articulée au support de culasse, donne le pointage en hauteur ; une autre, **V′**, placée à droite, donne le pointage en direction en déplaçant l'écrou de la première. Toutes deux sont conduites au moyen de volants.

L'affût porte un strapontin pour le pointeur ; sous la crosse, deux socs qui s'enfoncent en terre s'opposent au recul.

Il faut, au plus, trois hommes pour le service de la mitrailleuse : un pointeur qui manœuvre la manivelle, un servant qui remplit le magasin et un pourvoyeur qui charge les châssis vides.

La pièce, sur son affût, pèse 280 kil.; l'avant-train, chargé de 5800 cartouches, a le même poids.

On peut tirer sous les angles compris entre + 20° et —15°. La vitesse du tir atteint 800 coups par minute.

EXAMEN COMPARATIF DES DIVERS MÉCANISMES.

Nous n'essaierons pas de formuler ici, sur la valeur des six types de mitrailleuse exposés, une appréciation que l'exécution de tirs méthodiques et prolongés pourrait seule autoriser ; néanmoins, en rapprochant les données de construction des divers systèmes, nous chercherons à faire ressortir très-brièvement les caractères principaux de chacun des mécanismes.

Mitrailleuses à rotation. — Cette catégorie comprend les types Hotchkiss et Gatling : le premier avec platine unique, dont les différentes parties agissent successivement sur les 5 canons par suite de la rotation de ceux-ci ; le second avec platines tournantes, en nombre égal à celui des canons. La première disposition, qui se prête à l'emploi de pièces très-solides, paraît convenir parfaitement pour les gros calibres. L'inventeur a réalisé en même temps une condition importante, l'immobilité de chaque canon au moment du tir. La mitrailleuse Gatling ne présente pas cette dernière particularité ; du mouvement des canons résulte un écart déterminé du projectile. Les pièces du mécanisme sont de dimensions plus faibles ; partant, les chances d'accident sont plus nombreuses.

Pour les types d'arme à rotation, il convient de signaler la difficulté que présente la distribution des cartouches, qui, pour tous les canons, proviennent du même couloir. Avec le canon-revolver Hotchkiss, pour lequel les effets d'éclatement du projectile compensent la diminution de la rapidité du tir, il n'y a pas à se préoccuper outre mesure de cet inconvénient. Pour les mitrailleuses Gatling, il semblerait qu'on soit parvenu à en triompher, puisque les rapports officiels constatent une vitesse de tir vraiment remarquable. On doit faire observer pourtant que des arrêts se sont produits fréquemment dans le tir et que le système des tambours, préconisé pendant plusieurs années

par la Compagnie, a dû être abandonné. En dépit de perfectionnements réels, la distribution des cartouches sera
toujours, croyons-nous, le point faible du système Gatling,
et, en général, des mitrailleuses à rotation.

Mitrailleuses à canons fixes. — Dans cette catégorie
rentrent les mitrailleuses Montigny, Palmcrantz, d'Albertini et Gardner.

La mitrailleuse Montigny est caractérisée par le groupe-
ment en faisceau de ses canons, l'emploi des plaques porte-
cartouches et la double manœuvre d'ouverture de culasse
et de mise de feu. Ce mécanisme est lourd, incommode,
exposé aux coups de l'ennemi ; les plaques porte-cartouches
sont longues à charger. Enfin, on peut mettre le feu avant
que la culasse soit complétement fermée. Le seul avantage
sérieux réside dans le grand nombre de canons ; il n'a
d'importance que si l'on doit faire usage des feux de salve
en rectifiant à chaque fois le pointage. Par là se trouve
justifié, dans une certaine mesure, l'emploi de cet engin
comme mitrailleuse de marine.

La mitrailleuse de bord italienne, du même système,
présente, dans la disposition des leviers de manœuvre, un
utile perfectionnement.

La disposition des canons dans un même plan horizontal est commune aux mitrailleuses Palmcrantz et d'Albertini ; c'est aussi celle que présente le système Gardner.
Elle est éminemment favorable à l'organisation d'une
bonne distribution de cartouches et à la réalisation du tir
continu. Ce problème est d'ailleurs résolu d'une manière
très-différente dans les trois modèles.

Dans les mitrailleuses Palmcrantz et Gardner, les cartouches sont couchées l'une sur l'autre dans le guide ; le
transporteur, unique pour les 10 canons dans la première,
particulier à chaque canon dans la seconde, ne leur donne
qu'un mouvement latéral. Dans la mitrailleuse d'Albertini, au contraire, les cartouches sont placées verticalement dans le magasin, et c'est par un mouvement de rota-

tion que le transporteur les amène au canon. Cette dernière
disposition est combinée avec un magasin à deux couloirs
pour chaque canon; avec les deux autres, le couloir est
unique. Les systèmes d'Albertini et Palmcrantz compor-
tent des boîtes ou châssis de forme assez compliquée; la
mitrailleuse Gardner n'a que des boîtes en bois très-simples
et de valeur insignifiante.

Dans les mitrailleuses Gardner et d'Albertini, tout le
mécanisme obéit à une manivelle; dans la Palmcrantz, il
est commandé par un levier horizontal. Le levier a, relati-
vement à la manivelle, ce désavantage sérieux que le servant peut ne pas le pousser à fond, ce qui occasionnera un
arrêt dans le tir.

Enfin, au point de vue de la continuité du tir, il y a lieu
de noter entre ces trois armes une différence sensible. A
chaque révolution de l'arbre moteur ou à chaque double
oscillation du levier correspond une salve qui, dans la mitrailleuse suédoise, ne prend guère qu'un sixième de la
durée totale et, dans celle du colonel d'Albertini, en occupe
à peu près la moitié. Avec une mitrailleuse Gardner, à
plusieurs canons, le tir serait absolument continu et les
coups pourraient être régulièrement espacés pendant toute
la durée de la salve.

Enfin, la mitrailleuse Gardner ne comprend que des
pièces plus simples et plus résistantes que celles qui composent le mécanisme des deux autres. Aussi, quelque ingénieuses que soient ces dernières, c'est à la mitrailleuse
Gardner que nous serions portés à donner la préférence,
si l'absence de tout essai comparatif n'imposait pas, à cet
égard, une réserve absolue.

Appareils de dispersion. — Les appareils de dispersion
sont variables à l'infini, et dans leur agencement, d'ailleurs
facile, les constructeurs se plaisent à déployer leur esprit
d'invention. Une comparaison des divers systèmes semble
dépourvue à la fois d'intérêt et d'utilité.

Comparaison des calibres. — Au point de vue du calibre,

deux solutions se présentent : l'adoption d'un projectile
assez puissant ou l'emploi de la cartouche du fusil d'infanterie. La seconde, qui permet d'obtenir l'unité d'approvi-
sionnement, est réalisée dans presque tous les systèmes.
Le canon-revolver Hotchkiss, seul parmi les armes qui ont
été examinées, n'a pas été approprié à ce genre de tir. En
revanche, il est bien organisé pour le tir d'un gros projectile ; son calibre actuel (37^{mm}) pourrait même être augmenté
en vue de certains effets particuliers.

On a cherché à obtenir des effets analogues avec quelques-uns des autres types de mitrailleuse. La Gatling, du
calibre de 1 pouce (25^{mm},5) et à 10 canons, est, dans cette
catégorie, le seul spécimen exposé. Dans le même ordre
d'idées, M. Palmcrantz a construit une mitrailleuse à 4 canons du calibre de 25^{mm},4 [1], et la marine italienne a
adopté, concurremment avec la mitrailleuse Montigny à
31 canons du calibre de fusil, une arme du même type à
7 canons de 37^{mm} [2]. Enfin, le système Gardner peut s'a-
dapter aux gros calibres et se prête, d'après le constructeur,
au tir de projectiles de 2 livres (0^{k},907).

Emploi des diverses mitrailleuses. — Une discussion
sur l'emploi des mitrailleuses à la guerre serait ici hors
de propos. Nous retiendrons cependant un point qui se
dégage nettement de l'étude des mécanismes. Telle arme
qui ne se prête qu'au tir par salves et qui permet une
prompte rectification de pointage entre deux salves, pourra
convenir au service de bord. Telle autre qui réalise le tir
continu, se prêtera mieux à certains cas de la défense des
places, par exemple au flanquement des fossés. Sur le
champ de bataille, une bonne mitrailleuse attelée pourra
trouver les conditions d'un emploi des plus efficaces. Si
de semblables circonstances sont rares en campagne, ne
se présenteront-elles pas plus fréquemment dans la défense ou l'attaque des camps retranchés ? Enfin, les mitrail-

---

[1] Voir *Revue d'artillerie*, tome XI, page 89.
[2] Voir *Mémorial de l'artillerie de marine*, t. VI, 1re livraison, p. 185.

leuses légères pourront, dans le service d'exploration ou
d'avant-garde, soutenir puissamment l'action de la cavalerie.

Ces considérations sont trop importantes pour ne pas
retenir l'attention sur des armes qui ne sont peut-être
aujourd'hui tant décriées que parce qu'elles ont été récemment l'objet d'un engouement irréfléchi. Si les mitrailleuses
ne sont pas destinées à remplacer le canon et à entrer nor-
malement dans le matériel des armées en campagne, elles
n'en doivent pas moins faire partie de l'armement de défense de toute nation.

ARTILLERIE DES PAYS-BAS.

EXPOSITION DU MINISTÈRE DE LA GUERRE ([1]).

Fonderie de La Haye et ateliers de construction de Delft.

1° Canon de 12° rayé, en bronze, tracé du major Sluiter
et du capitaine von Kerkwyk. — Ce canon, adopté en
1873 ([2]), est une bouche à feu légère de siége, se chargeant par la culasse. Le système de fermeture est le coin
plat avec un obturateur Broadwell en acier. Le grain de
lumière est en cuivre et perpendiculaire à l'axe du canon.
— Les rayures sont cunéiformes et à pas constant.

Données numériques principales :

Calibre	12°
Longueur totale.	2m,11
Longueur d'âme en calibres	15,7
Longueur de la partie rayée en calibres	13,4
Nombre.	12
Profondeur . . . . } en	1,5
Largeur . . . . } millimètres.	26 — 20,9
Largeur des cloisons }	11,7 — 16,8
Pas en calibres.	41,6 (5m,00)
Inclinaison	4°25'

(Rayures.)

([1]) Extrémité sud de la galerie des machines (sections étrangères).
([2]) Voir *Revue d'artillerie*, t. III, p. 360.

Poids . . . . 915 kil.
Poids de l'obus et du shrapnel . . . 13^k,60
Poids de la boîte à mitraille . . . . 12^k,10

Les charges de tir employées varient depuis 300 grammes jusqu'à 1^k,100. Le rapport du poids de la charge maxima au poids de l'obus est $\frac{1}{12,4}$.

Extrait des tables de tir pour la charge de 1^k,100 ([1]).

Vitesse initiale : 291 mètres.

DISTANCES.	ANGLES DE TIR.	DISTANCES.	ANGLES DE TIR.
500 mètres	1°36′	2500 mètres	10° 9′
1000 —	3 24	3000 —	13 1
1500 —	5 24	3500 —	16 21
2000 —	7 38	3600 —	17 5

La *hausse* (fig. 11) est droite et porte une réglette des dérives dans laquelle l'œilleton est déplacé à l'aide d'une vis de rappel. La tige a pour section un triangle mixtiligne, dont la base, tournée vers l'arrière, est un arc de cercle, et dont le sommet est abattu.

Fig. 11.

La portion cylindrique est divisée en millimètres.

L'œilleton présente une disposition particulière destinée à donner plus de netteté à la visée ; il est formé par deux cônes opposés par le sommet et noircis intérieurement ; un trou très-fin les sépare et constitue l'œilleton proprement dit.

La pièce dans laquelle est creusé le cône postérieur est assez grande pour em-

([1]) Voir, t. III de la *Revue d'artillerie*, p. 554, les renseignements sur la justesse de cette bouche à feu.

boîter l'œil et empêcher la fatigue causée par les rayons
latéraux.

2° Obus de 12°. — L'obus n'a qu'une longueur de 2 calibres ; sa partie cylindrique est recouverte d'une enveloppe
de plomb qui présente, comme celle des projectiles
suisses, des cordons saillants et des rainures garnies de
ficelle graissée pour lubrifier l'âme et empêcher l'em-
plombage.

L'obus porte une fusée percutante dont il n'a pas été
possible de voir l'organisation. Le percuteur semble retenu
par des tenons ou goupilles ; au-dessus de lui est un ressort à boudin faible, retenu par la vis-bouchon qui ferme
l'œil de l'obus et dans laquelle se visse le porte-amorce.
Dans le modèle exposé, le porte-amorce est remplacé par
un simple bouchon fileté ; c'est sans doute la disposition
pour les transports. Il est probable que l'organisation se
rapproche de celle de la fusée exposée par la pyrotechnie
de Sœrabaïa, aux Indes hollandaises ([1]).

3° Obus à balles de 12°. — Les renseignements man-
quent sur la disposition intérieure. Le corps de l'obus à
balles est moins long de 1 centimètre que celui de l'obus
ordinaire, mais la différence est rachetée par la fusée ; le
poids de l'obus chargé est le même. La fusée à temps est
analogue à la fusée allemande, ancien modèle ; un bouchon fileté remplace le porte-amorce ; sa graduation ne
dépasse pas 10 secondes.

4° Affût de siége de 12°, du capitaine SCHERER. (Fig. 12.)
— Cet affût qui, à la position de tir, élève l'axe des tourillons à 1^m,825, permet, à l'aide d'un mécanisme particulier, de rabattre la pièce en arrière à une hauteur de
1^m,40 seulement, soit pour abaisser le centre de gravité
dans les marches, soit pour masquer la pièce derrière l'é-
paulement de la batterie lorsqu'on ne veut pas tirer. C'est
là ce qui constitue le côté original de sa construction.

([1]) Voir page 76.

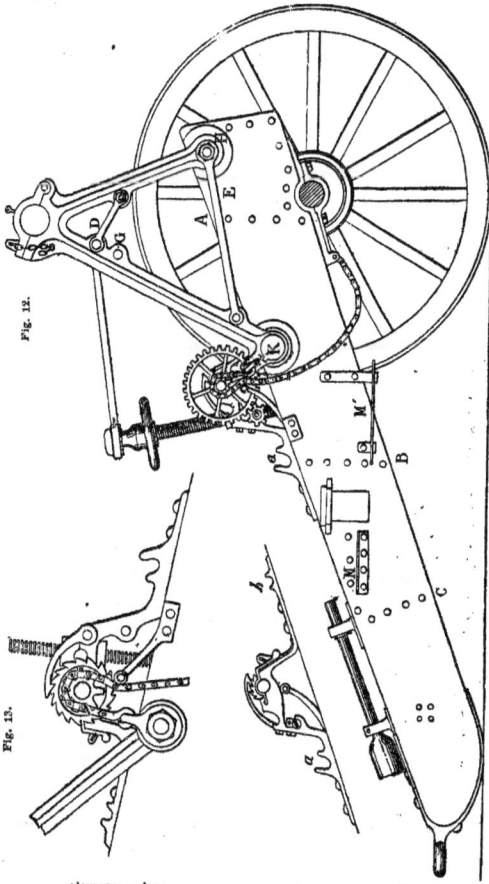

Fig. 12.

Fig. 13.

Les flasques sont en tôle peu épaisse (5^{mm},5), repliée vers l'intérieur. Ils sont renforcés par des plaques de tôle dans le voisinage de l'appareil de rabattement ; leurs bordures supérieure et inférieure sont également renforcées en ces points. Leur écartement est maintenu : 1° par la plaque de tête d'affût ; 2° par l'essieu cylindrique muni de mentonnets qui empêchent les glissements latéraux ; 3° par l'entretoise verticale en tôle A, à bordures rivées sur les flasques ; 4° par l'entretoise verticale B, vers le milieu de l'affût ; 5° par l'entretoise C, normale aux bordures inférieures, et contre laquelle s'appuient les deux coffrets de flèche ; 6° par une forte plaque formant bout de crosse et sur laquelle est rivée une lunette. Cette disposition indique que l'affût se réunit à suspension à un avant-train de campagne.

Les flasques sont à peine plus larges à la tête d'affût qu'à la crosse. Au point le plus élevé sont articulés des exhaussements. Ceux-ci, dont la forme est celle d'un V renversé, portent, à leur partie supérieure, les tourillons de la pièce, dans de solides encastrements recouverts par des sus-bandes à charnière avec trou de graissage. Les branches du V, formant montant et arc-boutant, sont consolidées par de fortes nervures, et réunies, dans chaque exhaussement, par deux tirants, D et E ; elles se terminent par de fortes rondelles percées que traversent deux boulons H et K. Une entretoise G réunit les branches postérieures ou arcs-boutants.

Le boulon H sert d'axe de rotation aux deux exhaussements ; le boulon K les maintient à la position de tir. Si l'on retire ce dernier boulon, les exhaussements peuvent tourner, en ramenant la pièce en arrière, jusqu'à ce que l'entretoise G repose dans des encastrements *ad hoc* disposés sur les flasques. Mais il faut que ce mouvement s'opère avec douceur, et, en outre, on doit pouvoir ramener les exhaussements à leur position primitive.

Voici le dispositif adopté dans ce but : avec la rondelle

du bout de chacun des arcs-boutants, fait corps un piton
dans lequel s'engage le crochet qui termine une chaîne-
galle; la chaîne s'enroule autour d'un pignon-galle et
passe sur un guide qui la rejette vers l'avant. Sur le même
axe que les pignons-galle, sont montées, d'un côté, une roue
dentée, de l'autre, une roue à rochet avec dent-de-loup.
La roue dentée engrène avec un pignon que l'on fait
tourner à l'aide de deux manivelles, soit pour retenir le
mouvement de rabattement, soit pour relever la pièce. Il
faut dégager la dent-de-loup lorsqu'on manœuvre à laisser
descendre.

Deux supports, disposés symétriquement sur les flasques, reçoivent l'axe des pignons-galle dans des encastrements où ils sont assurés par des sus-bandes pourvues
de trous de graissage; ils reçoivent également l'axe du
pignon denté assuré simplement dans ses encastrements
par de petits tasseaux arrêtés à l'aide de vis; enfin, ils sou-
tiennent les tourillons de l'écrou de pointage. Une plaque
de tôle réunit à l'avant les deux supports. Les pattes par
lesquelles chacun d'eux s'appuie sur les flasques portent des
encastrements, a et b; lorsqu'on rabat la pièce, on engage
les tourillons de l'écrou de pointage dans les encastrements a; c'est sur les encastrements b que vient reposer
l'entretoise G dans ce même mouvement. La figure 13
montre le support de gauche, avec la roue à rochet et la
dent-de-loup.

L'appareil de pointage consiste tout simplement en un
support à fourchette dont l'axe d'oscillation est porté
par les arcs-boutants; le coussinet, qui le termine et supporte la pièce, reçoit, par une articulation à genou, la
tête d'une vis simple tournant dans un écrou muni de
tourillons; on fait tourner la vis à l'aide d'un volant-
manivelle. Lorsqu'on veut rabattre la pièce, on commence
par soulever la culasse afin de soulager l'appareil de
pointage, et on fait passer les tourillons de l'écrou de
l'encastrement de tir à l'encastrement a. Puis, on enlève

le boulon K et, dégageant la dent-de-loup, on manœuvre aux manivelles pour laisser descendre doucement la pièce.

Il faut avoir soin, au préalable, de dégager les extrémités libres des chaînes-galle des crochets auxquels elles sont suspendues.

Pour ramener la pièce à la position de tir, on replace la dent-de-loup, on manœuvre à monter, et quand les rondelles des arcs-boutants arrivent en regard des trous ménagés dans les flasques pour le boulon K, on remet celui-ci en place. On soulève enfin la culasse de la pièce et on reporte l'écrou de pointage à sa position. La manœuvre peut être opérée sans aucune difficulté par trois servants.

La solidité de l'assemblage des arcs-boutants avec les flasques est assurée par la forme tronconique donnée à la tête du boulon K et à la portion intérieure de l'écrou que l'on engage sur sa partie filetée; ces deux troncs de cône pénètrent dans les yeux dont sont percées les extrémités des arcs-boutants. La tête du boulon porte en outre un ergot qui l'empêche de tourner lorsqu'on serre l'écrou. De fortes rosettes sont interposées entre les flasques et les rondelles qui terminent les montants et les arcs-boutants.

Les manivelles ne restent pas montées sur l'arbre du pignon denté; on les accroche d'ordinaire dans l'excavation formée par la queue des flasques et la plaque de crosse. On conçoit du reste que, si l'on prévoit n'avoir pas à employer pendant un certain temps l'appareil de rabattement, il est facile d'enlever l'arbre du pignon ainsi que l'arbre de la roue dentée avec les chaînes-galle.

Pour faciliter les manœuvres, le chargement et le pointage, deux marchepieds, M et M', sont placés de chaque côté de la flèche.

Entre les marchepieds de droite se trouve une double bride appliquée contre le flasque et recevant le carnet de tir. Celui-ci consiste en une boîte plate, en bois, contenant, comme feuillets, des lames de zinc attachées à charnière et sur lesquelles sont collées les tables pour les diverses charges en usage; les tables ne portent, du reste que les données indispensables pour le pointage, c'est-à-dire, en regard des portées, les angles de tir, les hausses et les dérives.

Vers la queue du flasque gauche sont deux supports pour le refouloir court, dont la tête s'appuie contre une petite cornière rivée sur la plaque de crosse; des clous en laiton forment sur la hampe une ligne indicatrice pour la position du projectile dans la chambre; la hampe se termine par une poignée ferrée.

L'écouvillon est placé sous le flasque à gauche, le bout de la hampe engagé dans une gaîne en tôle, la partie voisine de la tête suspendue sous l'essieu à l'aide d'une courroie. Sa tête porte une brosse et un petit refouloir creusé d'un godet pour coiffer la fusée du projectile dans le cas où l'on doit décharger la bouche à feu.

L'assemblage de l'essieu est assuré par des renforts d'encastrement rivés à l'intérieur des flasques et des étriers qui s'emboîtent dans les premiers et leur sont fixés à l'aide d'écrous et de contre-écrous séparés par des rondelles de cuir. Sous les étriers d'essieu sont fixés des crochets auxquels on suspend les extrémités libres des chaînes-galle lorsque la pièce est à la position de tir.

Les roues sont à moyeu en bois. La rondelle d'épaulement est fixée sur l'essieu. La rondelle de bout est munie de deux oreilles qui emprisonnent la partie inférieure de l'esse et empêchent la rondelle de tourner. La tête de l'esse a la forme d'une plaque cintrée qui recouvre le petit bout du moyeu dans la partie supérieure.

Données numériques :

Distance des points d'appui des roues et de la crosse . . . . $2^m,20$
Diamètre des roues . . . . $1^m,42$
Voie . . . . $1^m,50$
Poids de l'affût. . . . . 870 kil.
Poids de l'affût avec la pièce . . . . . 1 785 kil.

5° Affût de rechange de 8ᶜ sur avant-train. — On rappelle que le canon de campagne hollandais est en bronze, du calibre exact de 85ᵐᵐ,5, et se charge par la culasse ; le mécanisme de fermeture est analogue à celui du canon de 8ᶜ,4 suisse.

L'*affût* est en tôle, avec cornières rivées à l'intérieur. L'écartement des flasques est maintenu par : la plaque de tête d'affût, une entretoise plate, en arrière des tourillons, l'entretoise de pointage, la plaque de dessus de flèche et le bout de crosse. Les sous-bandes se prolongent en avant et en arrière des encastrements de tourillon et renforcent les flasques. Un vaste coffret est ménagé entre ceux-ci.

La réunion à l'avant-train se fait à suspension, mais le bout de crosse ne se termine pas par la lunette ; celle-ci (fig. 14) est une pièce à part qui s'engage dans deux sup-

Fig. 14.

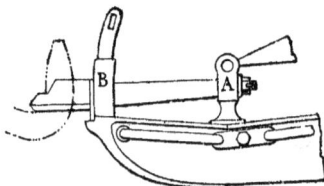

ports A et B, s'appuyant contre le support B par un épaulement, et se terminant par une partie filetée sur laquelle on engage un écrou claveté. On a voulu, sans doute, par cette disposition, se donner la facilité de remplacer la lunette lorsqu'elle est usée par le frottement contre le crochet-cheville ouvrière.

Le support A sert à l'articulation de la douille du levier de pointage ; lorsqu'on rabat ce dernier en arrière pour la manœuvre, il est reçu par l'arc qui surmonte le support B, et y est fixé par une clavette.

Il y a deux poignées de crosse de chaque côté de l'affût.

L'appareil de pointage consiste en une vis simple articulée avec un support à fourchette. Elle est mise en mouvement par l'écrou de pointage, dont l'extérieur est taillé en roue d'angle et embraye avec un pignon d'angle mû par une manivelle à quatre bras disposée sur le côté droit de l'affût. Une courroie maintient la manivelle immobile pendant les marches. La partie inférieure de la vis est protégée par une gaine en cuir fixée sous l'entretoise de pointage.

L'essieu est cylindrique et porte deux coffrets plats pouvant contenir chacun deux boîtes à mitraille. Chaque coffret supporte, par l'intermédiaire d'un réseau de neuf ressorts en lames d'acier, un siège en tôle garni d'un coussin en cuir rembourré. Un marchepied en fer est porté par l'essieu et arc-bouté contre les flasques. Le dossier, en fer garni de cuir, se replie pour former garde-roue ; il est muni, dans cette partie, d'un treillis de fil de fer. Une poignée en fer, garnie de cuir, s'engage dans une douille voisine de la tête d'affût et peut servir d'appui au servant. Les supports de dossiers et les tiges des poignées sont retenus dans leurs douilles par des clavettes suspendues par des chaînettes, de sorte qu'on peut les enlever très-facilement.

La roue est à moyeu en bronze ; la patte de chacun des rais est traversée par un boulon. La rondelle d'épaulement pénètre dans le gros bout du moyeu. La rondelle de bout d'essieu est pourvue de deux oreilles qui saisissent la tige de l'esse ; par suite, elle ne peut tourner. L'esse se termine en forme de marchepied à la partie supérieure.

Sous le flasque gauche est un écouvillon dont la hampe est suspendue à l'essieu par une courroie et engagée à son extrémité dans une douille en tôle ; sous le flasque droit est un levier de manœuvre suspendu par des courroies ; enfin le refouloir court, à poignée ferrée, a sa hampe engagée dans deux supports formant ressorts; une couronne de clous en laiton guide pour l'enfoncement du projectile dans la chambre.

La description qui précède peut être considérée comme étant celle de l'affût ordinaire dans la batterie de combat. Lorsque l'affût est organisé en affût de rechange, il reçoit dans les encastrements de tourillon une pièce en bois ferrée, munie de deux tourillons qui la maintiennent solidement en place; cette pièce porte un essieu vertical sur lequel sont engagées deux roues placées horizontalement. Des courroies, vers la tête d'affût, servent à la suspension de divers objets, entre autres les poignées et les dossiers de siége.

L'affût seul pèse 612 kil.; équipé en affût de rechange, il pèse 910 kil.

L'*avant-train* est en bois. Son essieu est encastré dans un corps d'essieu en bois; les roues sont les mêmes que celles de l'affût. A la volée, sont attachés des palonniers pour l'attelage de derrière.

L'avant-train de l'affût de rechange est particularisé par les points suivants : le corps d'essieu, en son point de croisement avec les bras de la fourchette, supporte un bloc de bois surmonté d'un essieu porte-roue sur lequel sont enfilées deux roues de rechange placées horizontalement. De chaque côté du bloc et au-dessous des roues sont, portés par les armons, deux coffres longs et peu élevés s'ouvrant par derrière. Le coffre de gauche contient, enfermées dans des étuis de carton, les feuilles de la carte des Pays-Bas à grande échelle. Dans le coffre de droite sont la lunette de batterie et divers instruments. Le pied de la lunette est fixé contre le coffre de gauche, du côté de la fourchette.

Poids de l'avant-train non équipé. . . . 480 kil.

Poids de l'avant-train équipé. 670

6° Caisson de 8° de campagne. — Le corps d'avant-train, sommairement décrit ci-dessus, porte un coffre large et peu élevé, en bois, consolidé par des équerres en fer. Ce coffre, qui s'ouvre par le haut, est divisé par des séparations en bois en autant de cases qu'il y a de projectiles; ceux-ci ont le culot engagé dans un godet en bois doublé de caoutchouc, et y sont soutenus par des sangles que terminent des garnitures en cuir. Les charges sont dans une case du milieu, sans séparations; les sachets sont simplement couchés les uns sur les autres.

Le coffre contient 30 obus, 12 shrapnels et 48 charges. Il renferme en outre divers outils et accessoires.

Sur le couvercle, est fixé un dossier avec poignées doublées de cuir, et un coussin rembourré; un sac à bagages est installé sur le derrière du couvercle; un autre se trouve entre le coffre et le marchepied. Enfin, le coffre porte, à l'aide de ferrures et de courroies, 2 pelles et une hache. Il est fixé au corps de voiture à l'aide de tiges filetées dont les écrous sont munis de poignées.

L'*arrière-train*, également en bois, se termine par une flèche dont l'extrémité est munie d'une lunette disposée comme celle de l'affût; il est pourvu d'une servante. Le coffre est en bois et disposé intérieurement comme celui de l'avant-train; il est divisé en deux parties dont les couvercles ont leurs charnières au-dessus de la séparation principale perpendiculaire aux bouts du coffre. Il contient 44 obus, 20 shrapnels et 64 charges; de sorte que le caisson porte 74 obus et 32 shrapnels, avec 112 charges.

En avant et en arrière du coffre sont des marchepieds, et les couvercles sont munis de deux paires de petites poignées; des courroies d'arrimage garnissent les côtés.

L'arrière-train porte en outre une pelle, une pioche, un timon de rechange articulé et un cric.

Poids de l'avant-train non équipé . . .	479 kil.	
Poids de l'avant-train équipé	846 —	
Poids de l'arrière-train non équipé. . .	532 —	
Poids de l'arrière-train équipé.	1 032 —	

Poids du caisson équipé . . . . 1 878 kil.
Poids par cheval (à 6 chevaux) . . . .   313 —

7° Munitions pour canon de campagne de 8°. — L'obus est organisé d'après le système Uchatius et contient intérieurement 8 couronnes dentées ; dans le vide central est un tube de fer-blanc destiné à recevoir la charge d'éclatement. La longueur de l'obus est d'environ 2,4 calibres ; il est recouvert d'une enveloppe mince de plomb avec bourrelets et rainures garnies de ficelle graissée. Le diamètre du noyau en fonte est de 81 millimètres ; celui des cordons de l'enveloppe est de 87 millimètres.

La charge de tir est de 0ᵏ,840 de poudre ordinaire.

L'étoupille à friction est analogue à l'étoupille française ; elle est en étain et sa partie supérieure est entourée de papier enroulé.

8° Caisson à munitions d'infanterie. — Ce caisson est en bois et disposé pour l'attelage, à volonté, à 1, 2 ou 3 chevaux de front, comme les voitures anglaises. Il porte de nombreux outils à pionniers.

Il peut contenir 12 800 cartouches pour fusil et mousqueton et 1 728 cartouches pour revolver.

9° Photographies de matériel. — 1° *Canon de 24°*, en fonte, fretté, fermeture à vis ; affût de côte d'une construction analogue à celle de nos affûts marins sur châssis ; le recul est limité par deux freins à frotteurs que l'affût entraîne à sa suite dès les premiers instants de sa course.

Il y a une hausse latérale et une hausse médiane (¹).

2° *Canon de place* sur un affût en bois qui ne diffère des affûts de place français de 12 et de 24 que par les modifications suivantes : des roues dentées font corps avec les roulettes du châssis et engrènent avec des pignons que l'on fait tourner pour les mouvements du pointage en direction. La directrice est soutenue par un support à l'arrière,

(¹) Voir *Revue d'artillerie*, tome XI, page 281, la nouvelle hausse adoptée pour cette bouche à feu.

et munie d'un marchepied. Les flasques sont renforcés par des sous-bandes.

3° *Canon rayé de 8° sur affût de campagne.*

4° Canon sur *affût à éclipse.* L'affût est basé sur le même principe que celui de l'amiral Labrousse, dont il semble différer fort peu. Les deux grosses poutres armées qui forment les côtés du châssis empêchent de voir le mécanisme.

EXPOSITION DES INDES HOLLANDAISES ([1]).

1° Matériel de l'artillerie de montagne. — A côté de modèles de harnachement des mulets sont des affûts en bois

Fig. 15.

pour canon de 8°; la forme générale est celle de l'affût de 4 français; les sous-bandes sont de véritables exhaussements de tourillons largement évidés, qui présentent à leur partie supérieure un deuxième encastrement pour les tourillons de la pièce lorsqu'on veut tirer sous de grands angles (fig. 15).

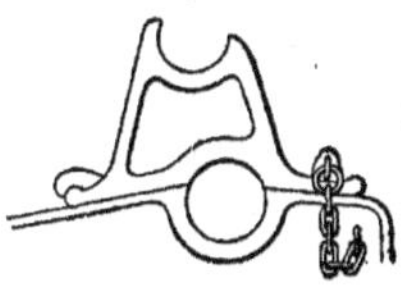

Des poches en cuir sont appliquées sur le côté de l'affût pour recevoir la hausse et le niveau de pointage.

2° Fusée percutante. (Fig. 16.) — Cette fusée a été fabriquée à la pyrotechnie coloniale de Sœrabaïa. Toutes ses parties sont en alliage blanc.

Elle se compose essentiellement : du *corps de fusée* A qui se visse dans l'œil du projectile et dont la tête prolonge l'ogive; du *percuteur* B, placé dans un logement central dont la partie supérieure est taraudée pour recevoir le *porte-amorce* C; de la *goupille* D, qui empêche le percuteur de se porter en avant, et du *bouchon* E, maintenu

---

([1]) Cette exposition se trouve dans le pavillon, à l'angle de la galerie des machines étrangères et de la galerie du travail.

sous le corps de fusée par les dents dont le percuteur est armé à sa partie inférieure.

La composition fulminante est placée dans le porte-amorce par le haut; un tampon de liége est interposé entre elle et le bouchon fileté qui ferme son logement.

Fig. 16.

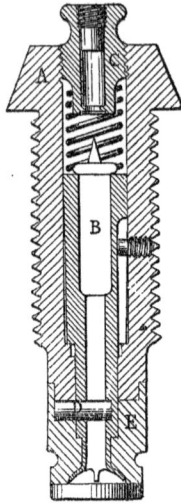

Le percuteur est armé d'une pointe d'acier; il a, dans la partie supérieure, une forme légèrement tronconique (comme la masselotte de la fusée Budin); une rainure, dont est creusée cette partie, reçoit l'extrémité d'une petite vis qui l'em-pêche de tourner. Au-dessous est une partie rétrécie qui, après avoir traversé le trou inférieur du corps de fusée, le déborde de près de un centimètre; c'est cette partie qui reçoit la goupille D, appuyée contre la tranche inférieure du corps de fusée. Une troisième partie, plus étroite encore, se termine par 4 dents; lorsque l'on a coiffé, avec le bouchon E, la partie inférieure du corps de fusée, la portion du percuteur qui en déborde et la goupille, on rabat les dents dans une excavation du bouchon et toutes les parties sont solidement fixées dans la position qu'elles occupent dans la figure 16.

Un ressort à boudin faible est développé entre le porte-amorce et le percuteur.

Enfin, un tampon de liége, recouvert d'une rondelle de toile que l'on arrête sur le bouchon E à l'aide d'une liga-ture, ferme le bas de la fusée et empêche la charge du projectile d'y pénétrer.

Le fonctionnement de la fusée est le suivant : l'inertie

au départ arrache du corps de fusée le bouchon E qui redresse, pour se rendre libre, les dents du percuteur et se précipite à l'intérieur du projectile; la goupille D, n'étant plus retenue, s'écarte de son logement par l'effet de la force centrifuge et le percuteur devient entièrement libre de se porter en avant dans le corps de fusée.

Le ressort à boudin le maintient doucement éloigné de l'amorce, mais ne l'empêche pas de déterminer l'inflammation de celle-ci à l'arrivée au but.

3° **Boîtes éclairantes** de la pyrotechnie de Sœrabaïa. — Ces boîtes, en fer-blanc, doublées de carton à l'intérieur, avec couvercle à culot en fer-blanc, sont destinées, l'une au canon de 8° de montagne, l'autre aux obusiers et mortiers de 12° (¹). Trois évents, percés dans les parois de la boîte, communiquent le feu des gaz de la charge de tir à la composition éclairante tassée à l'intérieur.

ARTILLERIE ESPAGNOLE.

(PL. IV.)

D'après le décret du 27 juillet 1877 sur la nouvelle organisation de l'armée espagnole, en outre des 5 régiments à pied, des 7 régiments montés de campagne et des 3 régiments de montagne dont la composition a déjà été donnée dans la *Revue* (²), l'arme de l'artillerie comprend dans la Péninsule :

Une direction générale de l'artillerie qui est chargée de toutes les affaires relatives à l'organisation des troupes, à leur service intérieur et à leur administration, de tout ce qui regarde les établissements de fabrication et les parcs; son chef est l'inspecteur et colonel général d'artillerie ;

Un comité supérieur technique ;

Un musée ;

Une représentation de l'arme auprès des bureaux centraux de l'administration militaire ;

(¹) Les batteries de montagne aux Indes sont armées, en temps de paix, de 4 pièces, canons rayés de 8° ou mortiers de 12°; en temps de guerre, elles possèdent 12 pièces : 6 canons de 8° et 6 mortiers.
(²) Voir *Revue d'artillerie*, t XI, p. 422.

Une académie spéciale pour les élèves aspirant à devenir officiers d'artillerie ;

Des commandants de l'artillerie dans les districts, places, arsenaux et citadelles pour le service des circonscriptions militaires et la défense du pays ;

Des écoles pratiques et des écoles de tir ;

Deux poudreries, l'une à Murcie, l'autre à Grenade ;

Deux fonderies: l'une à Séville, spéciale pour le bronze, et l'autre à Trubia, qui, outre la fabrication des pièces d'artillerie en fonte ou en acier, embrasse toutes les branches de la métallurgie du fer. Un troisième établissement, les forges d'Orbuïceta, qui dépend aussi de l'artillerie, fournit du fer aux usines de Trubia et d'Oviédo ;

Une manufacture d'armes à feu portatives à Oviédo ;

Une manufacture d'armes blanches à Tolède ;

Une école de pyrotechnie à Séville ;

Un arsenal de construction (maestranza). Cet établissement, qui se trouve à Séville, est le seul atelier que possède l'artillerie pour la fabrication du matériel roulant et du harnachement. Tout le matériel de campagne est conservé dans un certain nombre de magasins ordinaires ou parcs qui sont établis l'un à l'école d'artillerie, les autres dans les villes de Madrid, Saragosse, Valence, Barcelone, Burgos ;

Un établissement de remonte.   (*N. d. l. R.*)

Les différents établissements de l'artillerie espagnole avaient envoyé à l'Exposition universelle de Paris en 1878 de nombreux spécimens des produits de leur fabrication.

I. — Pyrotechnie militaire de Séville.

Cet établissement avait exposé :

1° *Des fusées percutantes*. — Ces fusées sont toutes d'ancien modèle, les unes du système Echaluce[1] pour l'artillerie de terre, et les autres d'un système analogue à celui de la fusée Barantzoff[2] pour la marine. Il y avait aussi des fusées du système Kreutz[3] en usage en Autriche. Ces différents modèles ne présentaient donc pas un bien grand intérêt.

---

[1] Voir t. X, p. 558.
[2] Voir *Revue d'artillerie*, t. XI, p. 434.
[3] Voir *Revue d'artillerie*, t. II, p. 11.

2° *Des fusées à temps.* — Les fusées pour les projectiles des pièces se chargeant par la bouche sont des fusées en bois à un seul canal ; leur tête est entourée d'un manchon fileté en bronze que l'on visse dans l'œil du projectile ; on dégorge la fusée au point convenable avant de la mettre en place.

Les fusées pour le service de la marine (canons se chargeant par la bouche) sont analogues aux précédentes, mais entièrement en bronze ; on dégorge la colonne de composition, par la partie inférieure, d'une quantité convenable avant de visser la fusée sur le projectile.

Pour les projectiles des bouches à feu se chargeant par la culasse, on emploie une fusée à galerie, analogue aux fusées allemandes pour shrapnels.

3° *Des étoupilles.* — Les étoupilles, jusqu'ici réglementaires, sont des étoupilles à friction, dont le rugueux est logé dans une boîte plate, perpendiculaire au tube, et contenant en même temps la composition fulminante. A côté des échantillons de la fabrication de ces étoupilles, se trouvaient des spécimens de l'étoupille Krupp, qui est construite d'une façon analogue à la nôtre, mais dont les tubes sont en carton.

II. — Fonderie de bronze de Séville.

Cet établissement est le seul qui fabrique les bouches à feu en bronze. Un atelier de confection de munitions d'artillerie y est joint. Il avait exposé :

1° *Canon de 9° en bronze comprimé* (*fig.* 1). — Après quelques hésitations, l'Espagne a essayé la fabrication des bouches à feu d'après des procédés analogues à ceux du général Uchatius, et se déclare satisfaite de ses premiers résultats. Le canon de campagne exposé (1) se charge par la culasse, avec la fermeture Krupp, comme le canon de 9°

(1) Voir *Revue d'artillerie*, t. XIII, décembre 1878, p. 235, la description du canon de 9° en bronze comprimé.

en acier qu'il est destiné à remplacer. Il ne diffère que par quelques détails du type adopté au mois d'août 1878.

2° *Obus de 9ᵉ à double paroi, avec cordons de cuivre.* — L'obus de 9ᵉ est à double paroi ; son montage, à fils de cuivre, est analogue à celui des obus autrichiens. Il pèse vide 5ᵏ,90 et contient une charge d'éclatement de 240 gr.; il a donné, dans l'éclatement au repos, 86 éclats : le culot non fractionné, 57 éclats de la paroi extérieure, 18 de l'intérieure, et 7 fournis par les cordons de cuivre(¹).

Le classement des éclats par limite de poids n'étant pas donné, on ne peut comparer ce fractionnement à celui de projectiles connus, mais on voit que la paroi intérieure ne fournit pas le nombre d'éclats que promet son organisation ; aussi l'artillerie espagnole doit-elle essayer les obus à anneaux superposés du système Uchatius.

3° *Obus de 8ᵉ à double paroi avec enveloppe de plomb.* — C'est l'obus réglementaire pour les canons de 8ᵉ de campagne et de montagne se chargeant par la culasse. Il est monté à enveloppe mince et remplace l'obus ordinaire à enveloppe épaisse qui tout chargé pesait 4ᵏ,250 ; le poids du nouvel obus chargé est 3ᵏ,60, y compris la charge intérieure qui est de 240 grammes; il n'a que deux calibres de longueur. L'éclatement au repos donne 57 éclats, à savoir : le culot, 3 pour l'ogive, 27 pour la paroi extérieure, et 26 pour l'intérieur; cette dernière présente 30 saillies de forme à peu près pyramidale.

4° *Obus de 14ᵉ avec enveloppe de plomb* (²). — Le poids de cet obus est de 18 kil.; la charge intérieure est de 1 kil. L'éclatement au repos a donné 49 éclats dont : 1 pour le culot, 8 pour l'ogive, 33 pour la partie cylindrique, enfin 7 provenant de l'enveloppe de plomb.

(¹) Les renseignements sur les éclatements au repos des divers projectiles espagnols sont extraits du catalogue espagnol des collections présentées par le ministère de la guerre, Madrid, 1878.

(²) Le canon de 14ᵉ provient de la transformation d'un canon lisse en bronze. Il se charge par la culasse et il est muni d'une fermeture à vis.

III. — Arsenal de construction de Séville.

L'arsenal de Séville est chargé de la construction de tout le matériel d'artillerie en bois et de la confection du harnachement ; on y emploie, pour les travaux, une compagnie d'ouvriers à laquelle on adjoint des ouvriers civils quand il est nécessaire.

Cet établissement n'a exposé que ses nouveaux modèles de harnais pour les attelages de campagne et de siége à 6 mulets.

IV. — Manufacture d'armes à feu portatives d'Oviédo.

La manufacture d'armes d'Oviédo est maintenant la seule qui fabrique les armes à feu portatives réglementaires ; elle avait exposé :

1° Le *fusil* d'infanterie et de chasseurs ; la *carabine* de cavalerie et le *mousqueton* destiné à l'armement des troupes du génie ; toutes ces armes sont du système Remington, modèle 1871 ;

2° Le fusil rayé, ancien modèle, à percussion, transformé en 1867 d'après le système proposé par *Berdan;*

3° Des pièces isolées du fusil Remington montrant différentes phases de la fabrication ; le *canon*, en acier fondu, forgé et recuit, livré à l'état de tube non alésé par la fabrique Berger et Cⁱᵉ, à Witten (Prusse) ; la *baïonnette* en acier fondu, provenant de la fabrique de Trubia ; les pièces du *mécanisme de fermeture,* de la *garniture* de la *hausse,* le *fût* et la *crosse* en bois de noyer préparé à la vapeur et à l'air chaud.

V. — Fonderie de Trubia.

Cet établissement, situé dans les Asturies, sur les bords de la Trubia, possède tous les moyens mécaniques nécessaires pour la construction des canons en fonte frettés, des projectiles en fonte et en acier et des affûts en tôle de toute espèce. Outre ses vastes ateliers, ses magasins, ses bâtiments d'administration, d'habitation pour le person-

nel et une caserne pour la troupe, il possède des écoles
élémentaires de géométrie, de mécanique et de dessin,
une bibliothèque de 2500 ouvrages scientifiques, un hô-
pital, une église, un cimetière et un faubourg qui compte
trois rues habitées par les ouvriers et leurs familles. — La
fonderie possède des mines de houille, nombreuses et abon-
dantes, dans les districts de Riosa et de Morcin, et des
mines de fer dans le district de San-Adriano.

L'établissement de Trubia avait exposé :

1° Un canon de 15ᶜ en fonte avec frettes d'acier puddlé ;

2° Un obus ordinaire de 15ᶜ ;

3° Un affût pour le service du canon de 15ᶜ dans les
casemates ;

4° Un affût de siége, modèle 1876, pour le canon de 15ᶜ
en acier fretté, se chargeant par la culasse ;

5° Un affût de campagne, modèle espagnol, pour batteries de position ;

6° Divers échantillons de fer ou d'acier de fabrication
courante ;

7° Des échantillons de minerais de fer et de houille.

1° *Canon de 15ᶜ en fonte, fretté d'acier puddlé.* — Cette bouche
à feu, qui était placée à l'Exposition sur un affût de casemate,
doit être considérée comme pièce de place et de côte.

Elle se charge par la culasse, avec la fermeture à vis,
système français modifié ([1]). La vis-culasse a trois secteurs
filetés et trois secteurs lisses ; elle porte à l'avant une cou-
pelle d'acier fixée par un boulon, comme dans nos canons
de marine modèle 1864. Le boulon d'obturateur *a* (fig. 2)
vient jusqu'à la tranche postérieure de la culasse, où il
est fixé à l'aide d'une vis-bouchon *b* ; il est percé suivant
son axe d'un logement pour un grain de lumière *c*, en
cuivre, que l'on visse du côté de sa tête et qui le traverse
dans toute sa longueur. La vis-culasse porte un couvre-
lumière automatique destiné à prévenir les accidents en

([1]) Les dispositions adoptées rappellent celles des canons Italiens de 24ᶜ et de 32ᶜ.
(Voir *Revue d'artillerie*, t. X, pl. IV.)

empêchant de mettre l'étoupille lorsque la culasse est ou-
verte. Quand la manivelle de fermeture occupe la position
verticale, les secteurs filetés de la vis-culasse correspondant alors aux secteurs lisses de l'écrou, un battant *d* tombe
devant l'orifice du canal de lumière et empêche d'y intro-
duire l'étoupille ; ce battant tourne librement autour de
la portée cylindrique qui se trouve sous la tête de la vis *e*
qui l'applique mollement contre la tranche de la vis-culasse, et son poids est suffisant pour le maintenir toujours
dans une position verticale lorsqu'on ferme la culasse ; en
rabattant la manivelle de 60° vers la droite, le battant
débouche la lumière et permet d'amorcer.

On n'agit pas directement à la main sur la manivelle M
pour faire tourner la vis-culasse ; la manivelle porte à son
extrémité supérieure un pignon denté qui engrène avec
une crémaillère circulaire ; l'arbre du pignon se termine par
un carré sur lequel on engage une manivelle de rotation
munie d'une poignée. Ce système est plus compliqué, il
est vrai, que celui qui est en usage dans notre marine ; il
ne semble pas justifié ici par le poids de la vis-culasse,
comme cela se présente pour les canons italiens de 24° et
de 32° ; on doit présumer, toutefois, qu'il supprime bien
des lenteurs provenant, avec les manivelles ordinaires,
des duretés de manœuvre qu'il faut vaincre à coups de
levier ou de maillet ; en outre, il permet de supprimer
le linguet de sûreté.

Une console à charnière, en bronze, reçoit la vis-culasse
lorsqu'on la tire en arrière.

La *hausse* (fig. 3) se compose d'une tige plate, graduée
en millimètres, élargie à la partie supérieure pour former
une coulisse dans laquelle est engagé un œilleton à croi-
sillon ; celui-ci, composé de deux pièces de laiton réunies
par deux vis, se déplace à la main. La coulisse est surmon-
tée d'un niveau à bulle d'air.

La hausse est organisée de façon à pouvoir toujours être
placée dans une position verticale afin de corriger d'elle-

même les erreurs qui proviendraient d'une inclinaison de
l'axe des tourillons. A cet effet, il n'y a pas de canal de
hausse proprement dit; la tige de la hausse glisse dans
une pièce de fer A formant bride, terminée par un appendice vertical dont le bord inférieur est arrondi et repose
sur un support B appliqué à demeure contre la tranche
do culasse. Contre cette tranche est fixé, un peu plus haut,
un boulon à gorge C; la face supérieure de la bride A est
creusée de deux logements demi-cylindriques de diamètres
différents, de façon à emboîter parfaitement les deux portées antérieures du boulon C; elle peut ainsi tourner autour
de l'axe de ce boulon.

La tige de la hausse est fixée, dans la bride A, à la hauteur voulue à l'aide d'une vis de pression en bronze D;
un index, porté par la bride, indique le point où doit se
faire la lecture sur la graduation. Au-dessous, la hausse
passe entre les deux mâchoires d'une pièce en bronze E
que l'on peut faire aller et venir le long d'une vis de rappel
F terminée par un bouton moleté. Ces mâchoires ne tou-
chent les faces latérales de la tige de hausse que par des
angles très-obtus et arrondis.

Lorsqu'on fait tourner la vis F, on entraîne la tige de la
hausse et avec elle la bride A, de telle sorte que le centre
d'oscillation de la hausse se trouve sur l'axe du boulon C.
Si l'on agit ainsi sur la vis de rappel jusqu'à ce que la
bulle du niveau soit au milieu du tube, on amène le zéro
des dérives dans le plan vertical passant par l'axe du boulon C, et l'on peut prendre les données des tables quelle
que soit l'inclinaison de l'axe des tourillons. Le *guidon* est
à peu près en forme de W (fig. 4).

Le canon a 36 *rayures* tournant de droite à gauche; leur
largeur mesurée à la bouche est de $8^{mm},5$; celle des cloisons
est de $4^{mm},5$ [1]. La longueur totale de la pièce est de $3^m,68$
et sa longueur d'âme de 23 calibres.

---

[1] Elles sont du système Krupp, d'après le catalogue ; or, les derniers canons
Krupp envoyés à l'Exposition de Philadelphie avaient des rayures à pas constant,
mais les unes sont parallèles, les autres cunéiformes.

Le canon de 15° tire un obus de 30 kil. avec la charge de 7^k,5 de poudre prismatique, soit la charge du quart ; la vitesse initiale, à 25 mètres de la bouche, est de 493 mètres.

La pression maximum dans l'âme, mesurée avec l'appareil Rodman, a été de 1 790 kil. par centimètre carré.

2° *Obus ordinaire de* 15° (fig. 5). — L'obus de 15°, en fonte ordinaire, a un peu plus de 2 calibres et demi de longueur, dont un calibre environ pour l'ogive ; il porte, comme montage, 3 cordons de cuivre encastrés dans des logements en queue d'hironde ; l'un à 220 millimètres du culot, c'est-à-dire vers la naissance de l'ogive, les deux autres respectivement à 25 millimètres et 50 millimètres du culot. La fusée est la fusée percutante allemande, ancien modèle, à goupille centrifuge. L'obus vide pèse 28 kil. ; il contient une charge explosive de 2 kil. ; à l'éclatement au repos il fournit 92 éclats : 9 pour le culot, 4 pour l'ogive, 65 pour la partie cylindrique et 14 pour les cordons de cuivre.

3° *Affût pour le service du canon de* 15° *dans les casemates.* — L'installation du canon de 15° dans les casemates comporte un affût en tôle sur un châssis bas en fer forgé et tôle, avec frein hydraulique.

L'*affût* proprement dit se compose de deux flasques en tôle simple, renforcés sur leur pourtour par une bordure plate fixée par des rivets et par des sous-bandes qui forment les encastrements des tourillons ; on peut reprocher aux sous-bandes d'avoir une trop faible largeur, comparativement à la longueur des tourillons. Les entretoises qui maintiennent l'écartement convenable des flasques sont deux tôles de fond, dont l'une règne sur plus de la moitié antérieure, et une entretoise plate à l'aplomb de l'encastrement des tourillons.

Des guides sont appliqués sous les flasques, deux à l'avant, deux à l'arrière, et à la partie postérieure des flasques sont de forts boulons qui buteraient contre les tampons de choc du châssis dans le cas d'un fonctionnement insuffisant du frein.

On peut faire porter l'affût sur le châssis par l'intermédiaire de deux paires de galets excentriques, dont les axes traversent les flasques à l'avant et à l'arrière.

L'appareil de pointage en hauteur, consistant en une vis double à pas inverses, permet de pointer la pièce depuis 10 degrés au-dessous de l'horizon jusqu'à 25 degrés au-dessus. La vis intérieure a sa tête articulée avec un support à fourchette sur lequel repose la culasse du canon; la grosse vis pénètre dans une boîte à tourillons portée par la tôle de fond de devant. L'intérieur de cette boîte n'est pas visible, mais l'organisation paraît être la suivante : un collier, entraînant dans son mouvement de rotation la vis extérieure, est disposé de façon à engrener avec une roue d'angle dont l'axe traversant le flasque gauche est mû à l'aide d'un volant-manivelle; la vis, en tournant, monte ou descend dans l'écrou placé à la partie supérieure de la boîte à tourillons; en même temps, la vis intérieure, que le support empêche de tourner, monte ou descend de la même quantité.

Dans l'axe du système, sous les tôles du fond, est fixé le corps de pompe d'un frein hydraulique.

Le *châssis* se compose de deux longrines de fer à double T d'une faible hauteur, réunies à l'avant et à l'arrière par des tôles pliées et fixées à l'aide de rivets. L'entretoise d'avant porte les points d'articulation de la lunette de pivot. Le châssis repose sur la plate-forme par deux paires de galets dont les axes convergent vers le pivot, et qui permettent le pointage en direction. Derrière chacune de ces paires de galets se trouve un essieu perpendiculaire à l'axe du châssis et portant à ses extrémités des roulettes excentriques ; on peut, en appuyant ces roulettes sur le sol, soulever tout le châssis et le faire rouler en avant ou en arrière pour le faire entrer dans la casemate ou l'en faire sortir ; de cette manière, les manœuvres de force pour placer l'affût sur le châssis, monter ou descendre la pièce, se font en dehors de la casemate, c'est-à-dire plus commodément que dans l'espace restreint qu'elle présente.

La tige du piston du frein se prolonge sur presque toute la longueur du châssis. Le piston est accompagné d'un disque que l'on peut manœuvrer de l'extérieur pour augmenter ou diminuer à volonté les orifices d'écoulement et régler ainsi la résistance du frein. Le disque tourne aussi pendant le recul de façon à fermer progressivement les trous et rendre la résistance sensiblement constante. Enfin, la tige s'appuie à l'arrière du châssis contre un ressort qui amortit le premier choc ([1]).

Des tampons de choc formés de plaques de caoutchouc et de tôle sont placés à l'arrière du châssis.

4° Affût de siége, modèle 1876, pour le canon de 15° en acier fretté, se chargeant par la culasse. — Cet affût (fig. 6), est destiné au service des canons de 15° de siége achetés par le gouvernement espagnol en 1875 à l'usine Krupp ([2]). Il est désigné dans le catalogue sous le nom de modèle allemand modifié et rappelle, par sa forme générale, celui que Krupp avait exposé à Vienne en 1873 ([3]), mais il en diffère par de nombreux détails de construction.

Les flasques, en tôle de 13 millimètres, sont très-relevés vers la tête d'affût, de façon à porter l'axe des tourillons à 1^m,82 au-dessus du sol ; ils sont allégés dans cette partie par un large évidement. Sur tout leur pourtour règne une cornière dont les branches ont 80 millimètres de largeur, et qui, appliquée extérieurement, se replie vers l'intérieur. Des sous-bandes renforcent les encastrements des tourillons. Les flasques sont parallèles dans leur partie surélevée ;

([1]) Voir le *Mémorial de l'artillerie de la marine*, t. **VI**, 2ᵉ livraison : *Recherches mécaniques sur les organes des affûts*, par H. SEBERT et H. de POYEN, chefs d'escadron de l'artillerie de la marine, p. 371.

([2]) Voici les principales dimensions de cette bouche à feu qui n'était pas exposée :

Calibre.	152^{mm},1
Longueur de la partie rayée en calibres	16 ,8
Poids total du canon avec fermeture.	3000^k
Poids de l'obus chargé	30^k,45
Poids de la charge d'éclatement.	1 ,75
Poids de la charge.	6 ,2
Vitesse initiale	477^m

([3]) Voir *Revue d'artillerie*, t. III, p. 118.

ils se rapprochent ensuite jusqu'au bout de crosse qui n'a
que 40 centimètres de largeur.

L'entretoisement est fait de la façon suivante :

1° Une entretoise de tête d'affût A en tôle dont les bords
emboîtent la tête des flasques depuis les sous-bandes B
jusqu'aux coussinets d'encastrement d'essieu C ; sa partie
supérieure est légèrement évidée pour laisser descendre
la volée de la pièce dans le tir au-dessous de l'horizon ;
2° une entretoise plate en tôle D, dont les bords repliés sont
rivetés sur les flasques au point où ceux-ci commencent à
se rapprocher ; elle est perpendiculaire au plan des arêtes
inférieures des flasques, son arête supérieure est échancrée
pour laisser descendre le support de pointage ; 3° un boulon-
entretoise E ; 4° une entretoise plate en tôle F, perpendiculaire à la face supérieure de la flèche et fixée par des
rivets comme l'entretoise D ; elle déborde les branches
supérieures des cornières et sert d'appui au coussinet en
bois G qui reçoit dans son encastrement la culasse de la
pièce à la position de route ; une plaque de tôle échancrée
protège la partie antérieure du coussinet ; 5° un boulon-
entretoise H, dont les extrémités forment tenons de manœuvre ; 6° une entretoise de crosse en tôle K qui enveloppe le bout de crosse et forme plaque de frottement ; elle
est percée de la lunette de cheville ouvrière et renforcée
en ce point par une forte plaque de fer forgé ; sur le devant
est appliquée une patte à crochet avec piton et trou de
lanière pour l'attache de la chaîne d'embrêlage. Entre
l'entretoise plate de coussinet et le boulon-entretoise du
milieu est une plate-forme en tôle I pour les servants ; des
marchepieds, également en tôle J, sont placés en outre de
part et d'autre des flasques. Des encastrements de route
pour les tourillons L sont appliqués sur les bordures des
flasques, en arrière de l'entretoise D.

L'appareil de pointage se compose de deux vis à pas
inverses, et, grâce à la grande longueur de la vis extérieure (80 centimètres), permet le pointage depuis — 10°

jusqu'à + 35°. La vis intérieure en acier V est articulée avec un coussinet en bronze qui réunit les extrémités des lames du support de pointage S'; celles-ci oscillent autour de deux axes placés dans le voisinage immédiat des encastrements des tourillons.

La vis extérieure V, en bronze, est munie à sa partie supérieure d'une manivelle à 4 bras et tourne dans un écrou porté par une traverse de pointage T à tourillons; ces tourillons reposent dans deux crapaudines appliquées à l'intérieur des flasques, et dans lesquelles on les assure à l'aide de chevillettes traversées à leur extrémité par des clavettes; les unes et les autres sont suspendues aux flasques par des chaînettes.

Les sus-bandes sont à charnières; elles sont pourvues à l'avant d'un appendice formant poignée, et sont fixées en place à l'aide d'une chevillette à béquille et à ergot.

L'essieu est cylindrique; il est relié aux flasques par les coussinets C et les étriers X, qui laissent assez de jeu entre leurs parties plates pour permettre de resserrer les écrous. Il semble que si l'on interposait, entre ces parties disjointes, des plaques élastiques, on conserverait le même avantage tout en assurant mieux la solidité de l'assemblage. Les roues sont en bois avec moyeu en bronze; comme dans les roues allemandes, le nombre des boulons d'assemblage du moyeu est égal à celui des rais; cette disposition, différente de celle qui est usitée en France, doit affaiblir considérablement les pattes des rais. Le gros bout du moyeu est recouvert d'un garde-crotte en fer qui laisse entre lui et le moyeu un intervalle dans lequel pénètre le rebord circulaire de la rondelle d'épaulement; le petit bout est emboîté par la rondelle de bout d'essieu, de façon à fermer autant que possible la boîte de roue, disposition semblable à celle qui a été adoptée pour le matériel de campagne allemand modèle 1873. Un trou de graissage sert pour la lubrification des surfaces frottantes.

Un frein à patins, destiné à l'enrayage, soit dans les

descentes, soit pendant le tir, est appliqué à la partie antérieure de l'affût. La traverse de frein M, en fer à T, est
soutenue sous les flasques par deux cadres en fer N, qui
servent de glissières aux deux boîtes O ; elle est cintrée
pour livrer passage à la vis de pointage.

Les tringles de frein P, articulées aux extrémités de la
traverse, se réunissent à l'avant en une douille qui forme
écrou pour la vis de serrage Q ; celle-ci traverse, par une
portée cylindrique, une boîte logée dans l'entretoise de
tête d'affût et se termine par une petite portion filetée sur
laquelle est engagée la manivelle à deux bras, R, arrêtée
par une vis en prisonnier. Lorsqu'on fait tourner la manivelle, la douille-écrou se meut le long de la vis de serrage
et rapproche ou éloigne les patins des cercles des roues. Cet
appareil est excellent dans les marches ; il est simple comme
construction et comme manœuvre, mais il n'a pas fonctionné
dans le tir aussi bien qu'on l'espérait, et l'artillerie espagnole doit renoncer à l'employer pour limiter le recul.

A la partie supérieure du flasque droit se trouve une
douille en laiton devant servir à un système particulier de
pointage qui n'était pas exposé. Enfin, un certain nombre
de crampons a, munis de courroies, servent probablement
à l'attache des armements ou au brêlage de la pièce à la
position de route.

Données numériques complémentaires :

Distance des points d'appui de la crosse et
    des roues . . . . $2^m,78$

Diamètre des roues 1 52

Voie 1 54

Poids de l'affût sans la pièce . . . . . 1 250 kil.

5° *Affût de campagne, modèle espagnol, pour batterie de
position.* — Les batteries de position, au nombre de 12,
constituent l'armement de deux des sept régiments montés
de l'artillerie espagnole ; elles étaient armées jusqu'ici,
soit du canon de 10ᵉ en bronze, modèle 1872, soit du
canon de 9ᵉ en acier Krupp. A l'Exposition, l'affût de cam-

pagne (fig. 1) portait le canon de 9ᵉ en bronze comprimé de la fonderie de Séville.

Cet affût se compose de deux flasques en tôle de 9ᵐᵐ,5, repliés vers l'intérieur. Les flasques convergent vers la crosse, où ils sont réunis par un fort bout de crosse-lunette. La face inférieure de la flèche constituée par ces deux flasques ne fait pas avec le sol un angle aussi grand que dans la plupart des affûts de campagne ; cela tient à ce que les flasques, au lieu de reposer sur l'essieu, sont traversés par lui ; leur tête se relève brusquement, afin de porter la pièce à la hauteur ordinaire ; ce mode de construction, en abaissant le centre de gravité, diminue les percussions à la crosse ; il permet en outre de charger la pièce sans avoir, au préalable, à relever la culasse, même dans le tir sous de grands angles. Les Espagnols ont voulu en profiter également pour étendre le champ de tir jusqu'à 28° au-dessus de l'horizon, tout en plaçant le point d'appui sur l'appareil de pointage, très-près de la tranche de culasse ; mais il en résulte que, lorsqu'on tire sous les angles voisins de la limite, la vis de pointage arrive trop près du sol. L'appareil de pointage consiste, comme dans l'affût de siége, en une vis double mue par un volant-manivelle et articulée avec un support à fourchette. Les crapaudines dans lesquelles tournent les tourillons de la traverse porte-écrou sont appliquées aussi bas que possible à l'intérieur des flasques. L'appareil permet le pointage depuis 12° au-dessous de l'horizon.

Des entretoises cylindriques maintiennent l'écartement des flasques. De fortes sous-bandes renforcent et élargissent les encastrements de tourillons ; les sus-bandes sont munies de charnières et fixées vers l'avant à l'aide d'une chevillette à ergot.

Le levier de pointage est articulé sur le boulon-entretoise de crosse et se rabat en avant sur l'une des entretoises intermédiaires lorsqu'on ne s'en sert pas.

L'essieu est cylindrique ; il est réuni par deux tirants à l'une des entretoises de la flèche.

On emploie, pour l'enrayage, une chaîne à sabot, sans chaîne d'échappement, placée du côté gauche de l'affût en batterie ; la chaîne est soutenue en son milieu par une ferrure et le sabot suspendu sous le tirant par deux crochets qui pénètrent dans les trous de ses oreilles.

6° *Échantillons de fer ou d'acier de fabrication courante.* — Une barre de fer étiré à double T, de 7^m,50 de longueur, ayant 200 millimètres de hauteur, 115 millimètres de largeur d'ailes et 16 millimètres d'épaisseur d'âme ; elle est destinée à être employée comme côté de châssis.

Une barre de fer à T, de 5^m,50 de longueur, pour les cercles de roues de triqueballe.

Deux frettes cylindriques, en acier puddlé, pour canon de 24e, premier et deuxième rang ; elles sont fabriquées en spirale, martelées et laminées circulairement.

Une frette-tourillons en acier puddlé et forgé pour canon de 24e.

Des barres en acier cémenté et fondu au creuset, provenant de fers espagnols, employés pour outils, limes, baïonnettes.

Une collection de 96 limes en acier fondu de formes et de dimensions différentes.

7° *Des échantillons de minerais de fer et de houille* provenant des mines qui appartiennent à l'établissement ; du coke extrait de ce charbon et employé pour la fabrication du fer et de l'acier ; des argiles réfractaires et des sables blancs, ainsi que les briques faites avec ces éléments pour la construction des fours ; des sables jaunes pour le moulage.

VI. — Manufacture d'armes de Tolède.

Cet établissement, dont les lames conservent leur ancienne renommée, avait exposé deux panoplies des armes blanches réglementaires ; dans l'une figuraient les armes d'officiers, dans l'autre les armes pour la troupe ; différents échantillons représentant les opérations de forge des lames ; deux autres panoplies contenaient, l'une des fac-simile d'armes historiques, l'autre des armes de fantaisie.

VII. — Musée d'artillerie.

Le musée d'artillerie avait envoyé des armes blanches, des armes à feu portatives et des pièces d'artillerie qui formaient une exposition sommaire de l'art militaire espagnol depuis les temps les plus reculés. Il avait aussi exposé l'album du matériel d'artillerie réglementaire et trois modèles au ¼ d'objets de ce matériel.

1° *Chèvre de place*, à treuil ordinaire, en bois, avec épars en fer boulonnés sur les hanches.

2° *Canon de 28° système Barrios, sur affût de place* (¹). — Ce canon lisse, en fonte frettée, adopté en 1865, est encore employé pour l'armement des côtes et des navires. On n'en fabrique plus.

L'affût est en tôle, sur châssis en fer, avec freins à griffes ; il ne présente aucune particularité intéressante.

3° *Obusier de 21°, rayé, sur affût de place* (²). — Cet obusier, en fonte frettée, se charge par la bouche ; il a 5 rayures système français. Son affût, en tôle, sur châssis en fer forgé, permet le tir jusque sous l'angle de 60°. On emploie, pour le pointage, une hausse courbe. Lorsqu'on ne voit pas le but, on peut lire, sur le flasque gauche, l'angle donné à la pièce, marqué par un index lié au tourillon.

VIII. — Divers.

Équipage de pont. — Les pontonniers font partie, avec les troupes de chemin de fer et de télégraphe, du régiment monté du génie.

Les petits modèles de l'équipage de pont exposés étaient : des haquets et des chariots portant les corps de support et les madriers ainsi que la forge d'équipage.

Les corps de support sont des demi-bateaux en tôle et des chevalets Birago. Les haquets diffèrent essentiellement de ceux de l'artillerie française par l'addition de vastes coffres disposés au-dessous de la voiture.

(¹) Voir *Revue d'artillerie*, t. XI, p. 430.
(²) Voir *Revue d'artillerie*, t. I, p. 317.

Deux mulets pour équipage d'avant-garde portaient leur chargement en chevalets à deux pieds, poutrelles à griffes, etc.

Affût d'embarcation pour canon en bronze de 10°. — Cet affût est en tôle simple, avec galets excentriques ; il est monté sur un châssis en fer à double T. Un frein à lames, à serrage automatique, composé de deux lames de châssis et de quatre lames pendantes, sert à limiter le recul.

Hausses des canons de marine. — Hausse pour canon de 20° tubé, ancien canon lisse de 20° en fonte, tubé en acier, par le procédé Palliser, et rayé au calibre de 16°. Ce canon entre pour une large part dans l'armement des frégates cuirassées.

La hausse est inclinée, et la planchette des dérives disposée comme dans nos hausses de 5 et de 7. La pièce porte-cran de mire est déplacée dans la coulisse à l'aide de la vis de rappel.

Hausses pour canons de 16° en fonte frettée, de 12° et de 8° courts en bronze ; dans celles-ci, la pièce porte-cran de mire est simplement déplacée à la main par glissement dans une coulisse.

Les tiges des hausses, ainsi que les réglettes des dérives sont graduées en encablures, excepté dans la hausse inclinée du canon de 20° tubé.

Les crans de mire sont de forme presque circulaire, surmontés d'un évidement trapézoïdal, ou bien sont taillés en forme de V avec une petite pointe conique dans le fond du cran.

Le guidon est ogival ; en enlevant une douille qui entoure son pied, on peut le dévisser pour le mettre à l'abri des accidents.

La hausse pour le canon court de 8° est portée par un pied courbe que l'on fixe par deux vis sur la culasse du canon ; le curseur porte le cran de mire ; il est arrêté à la hauteur convenable à l'aide de la vis de pression.

———

MACHINES-OUTILS.

MACHINE A AFFUTER LES FRAISES ([1]).

Cette machine a été imaginée par M. Kreutzberger, in-
génieur-mécanicien à l'atelier de construction des machines, à Puteaux. Destinée à affûter rapidement et facilement les fraises de toutes formes dont on se sert dans
le travail des métaux, elle est appelée à rendre de grands
services dans les établissements de l'artillerie, et surtout
dans les manufactures d'armes, où les fraises sont d'un
usage si général.

On décrira d'abord la machine en indiquant les mouvements que peuvent prendre la meule et les fraises à affûter,
puis on examinera les applications de cette machine à
l'affûtage des fraises, et l'on déterminera les moyens à
employer pour obtenir le profil exigé pour la fraise.

Description.

L'ensemble de la machine est représenté, planche V,
par trois élévations et un plan. Elle se compose essentiellement d'une meule en émeri animée d'un mouvement
rapide de rotation (2 600 tours au minimum) et d'un système qu'on pourrait appeler main métallique, destiné à
porter la fraise et à lui donner la position qu'elle doit
occuper pendant l'affûtage, pour que la meule, qui, pendant
cette opération, se meut autour d'un axe sensiblement immobile, donne aux dents la forme voulue.

La meule m est portée par une tige t qui reçoit un mouvement rapide de rotation au moyen des poulies v et V :
cette dernière est calée sur l'arbre u qui porte les poulies
P, dont une est folle.

Le mouvement de rotation de la meule peut se faire

([1]) D'après une notice rédigée par M. le capitaine d'artillerie MILLASSEAU.
La machine figurait, dans la classe 55, galerie des machines, à l'extrémité sud de
cette classe.

dans les deux sens au moyen d'une courroie droite et d'une courroie croisée, chacune d'elles pouvant à volonté réunir les poulies *v* et **V**.

Les tiges S et S′ permettent à l'arbre *t* de tourner autour de l'axe de l'arbre *u*. Le mouvement est guidé par un tenon porté par la tige S′, et se mouvant dans un évidement circulaire ménagé dans une petite colonne verticale *r*. Une vis de pression *k*, portée par ce tenon, permet de fixer l'arbre *t* dans une position déterminée.

Un support *n n′*, pouvant s'élever ou s'abaisser à volonté, permet également de régler la position en hauteur de la meule *m*.

Pour élever ou abaisser facilement la meule, on a relié l'arbre *t* au levier *qq′* par une pièce *p*. Ce levier, équilibré par un contre-poids, peut tourner autour d'un axe *o* qui le relie à la colonne *r*.

Les meules sont fixées, suivant leur grandeur et leur grosseur, sur les porte-meules représentés fig. 1.

La fraise est fixée sur le porte-fraise (fig. 2), où elle est serrée entre deux écrous. Elle est placée en *ab* ou *a′b′*, suivant la grosseur de l'œil : les écrous *c, d* servent à fixer le porte-fraise sur la pièce E. Une fraise est représentée en place sur le porte-fraise, en *ab*.

Le porte-fraise est fixé sur la pièce E (fig. 3). Cette pièce est à angle droit sur D qui peut glisser et tourner dans la pièce C, et est serrée par la vis N.

La pièce C peut tourner dans un manchon C′, relié au chariot B par une articulation F pouvant se serrer au moyen de la vis H.

Le chariot A, qui porte tout le système que nous venons de décrire, se déplace au moyen de la vis M.

On voit donc que, grâce à tous ces mouvements, on peut donner au porte-fraise une direction déterminée et amener la fraise à la distance voulue de la meule.

La meule doit toujours tourner dans le sens indiqué par la flèche (fig. 3).

Pour que, sous l'action incessante de la meule, la fraise ne tourne pas, la branche E peut recevoir un petit appareil qui porte un cliquet venant appuyer contre une des dents.

Ce cliquet peut se placer également de l'autre côté du logement du porte-fraise.

Quand on taille des fraises hélicoïdales (fig. 4), telles que des alésoirs, le cliquet ne peut plus se mouvoir avec la fraise : la machine en porte un second se plaçant dans un logement pratiqué dans la colonne *r*.

Applications de la machine.

1° *Fraises cylindriques sans tige.* — La fraise est fixée sur le porte-fraise. La meule est réglée de façon à toucher l'une des extrémités, puis on fait mouvoir le chariot B au moyen de la vis M jusqu'à ce que la meule soit à hauteur de l'autre extrémité. Au moyen de l'articulation C, on amène la fraise à être attaquée de quantités égales à ses deux extrémités.

2° *Fraises cylindriques avec tige.* — Pour ces fraises, on place une pointe sur la branche E, ou logement des porte-fraises ; puis, sur la pièce D, on place une lunette qui est destinée à supporter la tige de la fraise. La figure 5 indique les dispositions à prendre suivant le sens des dents ; car il est facile de voir que les fraises montées sur des tours ne tournent pas dans le même sens que celles montées sur des fraiseuses.

3° *Fraises coniques sans tige.* — Employer l'articulation C de façon à amener la génératrice supérieure de la fraise conique à être horizontale (fig. 6). Il est évident que, cette condition obtenue, on amènera successivement chaque dent à avoir cette position, par une simple rotation de la fraise.

4° *Fraises coniques avec tige.* — Employer la lunette et régler la fraise comme on vient de l'indiquer. On mettra le cliquet d'un côté ou de l'autre, suivant le sens des dents de la fraise.

5° *Fraises hélicoïdales.* — On emploie le cliquet spécial

déjà décrit. Suivant le sens, on mettra le cliquet d'un côté ou de l'autre ; il faudra aussi, au moyen d'un contre-poids, obliger la fraise à s'appuyer par une de ses dents sur le cliquet (fig. 7) ; cette obligation résultera du sens dans lequel on fera marcher le chariot B pendant le travail de la meule.

6° *Fraises à formes composées de lignes droites et de courbes.* — Les parties rectilignes s'affûtent comme on l'a indiqué plus haut.

Si les parties arrondies ne se composent que de quarts de cercle, il faut placer sur l'axe de l'articulation C le centre de la courbe formée par la dent à affûter : ce dont on s'assure en faisant tourner la fraise au moyen de la manivelle L ; il est bon de ne pas serrer la vis de pression K, afin que l'ouvrier puisse n'attaquer chaque élément de la dent que d'une même quantité.

Si les parties arrondies se composent de courbes convexes (fig. 8), il n'y a aucune difficulté, rien ne pouvant gêner le mouvement de rotation de la fraise.

Mais si les parties arrondies sont concaves (fig. 9 et 10), on ne pourra, dans une première opération, attaquer que jusqu'au milieu environ, et, pour achever, on sera obligé de retourner la fraise bout pour bout, ce qui pourra s'obtenir, sans rien démonter, au moyen de l'articulation C.

Il faudra aussi apporter une certaine attention à la grandeur de la meule que l'on devra employer.

7° *Fraises quelconques.* — Pour une fraise de forme compliquée, on combinera ce qu'on a dit dans les divers cas que nous venons d'examiner. L'affûtage est un peu long, demande de la pratique, mais est toujours plus avantageux et plus rapide que la méthode employée ordinairement.

En résumé, la machine à affûter les fraises peut toujours s'employer à la seule condition de ne pas faire d'angle aigu, car, dans ce cas, on devrait renoncer à l'emploi de la machine.

L'ouvrier aura besoin de bien connaître sa machine, au point de vue de tous les mouvements qu'il peut donner à la fraise : il devra à l'avance étudier la forme de sa fraise, de façon à employer la méthode la plus simple et la plus rapide pour l'affûter.

L'axe de la meule devra toujours se trouver légèrement en arrière de l'axe de la fraise.

Sauf pour les fraises cylindriques et coniques, l'ouvrier devra éviter de fixer la position en hauteur de sa meule ; avec un peu d'habitude, il fera mordre également partout.

MACHINES A RIVER HYDRAULIQUES [SYSTÈME TWEDDELL] [1].

De nombreuses études [1] ont été faites sur le nombre, la position, le diamètre, les proportions des rivets, ainsi que la meilleure forme à leur donner ; mais on ne s'est pas assez préoccupé de la manière dont la rivure s'opère, et cependant toute l'exactitude des calculs et des formules dépend de ce que les rivets remplissent bien tous les trous, afin que les tôles n'aient aucun jeu, et aussi que les têtes des rivets soient bien faites et de dimensions convenables. — Le travail fait à la main avec des marteaux légers a cet inconvénient qu'il ne fait que rabattre le bout du rivet pour former une tête, car la force des coups ne pénétrant que très-peu, ceci n'a aucun effet sur le corps du rivet, qui, ne se trouvant pas refoulé au milieu, ne remplit pas les trous, une fois froid, surtout quand on pense que, pour plus de facilité à les entrer à chaud, l'ouvrier prend de préférence des rivets plutôt trop faibles ; le nombre de coups nécessaire à faire la tête prend ainsi un certain temps pendant lequel le rivet se refroidit, et les derniers coups sont donnés sur du fer qui n'est pas en état de les recevoir, ce qui le rend cassant, et il n'est pas rare de voir les têtes des rivets sauter. — On a essayé d'obvier à cet inconvénient en employant une bouterolle et des marteaux plus lourds ; mais encore, dans ce cas, il faut plusieurs coups pour achever une tête de rivet, et le choc, qui ne peut être contrôlé par le soutien, même en le tenant aussi solidement que possible, ne se trouvant pas

---

[1] Exposition, galerie des machines (section anglaise).
[2] Une partie de cette notice est due à M. Monbro, ingénieur.

entièrement absorbé par le rivet, est imprimé à la pièce en construction qui se trouve ainsi souvent déformée; ou, inconvénient autrement grave, dans le cas de chaudières à vapeur, les rivets déjà mis sont ébranlés. Ajoutons à cela que, pour faire un travail aussi *rude,* il faut des hommes spécialement robustes, et même, si ces hommes peuvent mettre un certain nombre de rivets avec la force convenable, ils se fatigueront à la longue, et les rivets mis à la fin de la journée seront moins bien faits. A ces inconvénients il faut ajouter le bruit assourdissant du travail à la main qui n'est pas sans influence sur les difficultés de surveillance, même dans les ateliers voisins, de sorte qu'il est souvent difficile de trouver un chantier convenable pour y faire ce travail. Tous ces désavantages, la cherté toujours croissante de la main-d'œuvre et la difficulté de trouver et surtout de conserver des équipes convenables, quand on a peu de travaux à faire, amenèrent un industriel anglais, M. Fairbairn, à étudier une machine à river.

Cette machine, qui ressemblait assez à une machine à poinçonner placée horizontalement, remplissait bien son but et faisait un très-bon travail tant que les tôles étaient de même épaisseur, les trous bien en face les uns des autres, et les rivets de même longueur. — Mais, la machine ayant une course déterminée, quand toutes ces conditions n'étaient pas remplies, le travail ne valait guère mieux comme qualité que le travail à la main; il est vrai que l'on gagnait en vitesse; mais ce qui détermina l'abandon de cette machine fut surtout les frais de réparations et d'entretien occasionnés par la casse continuelle de l'une ou l'autre partie, provenant de rivets mis un peu trop longs ou un peu trop froids.

En outre, la vitesse étant déterminée, si le rivet n'était pas prêt à recevoir le coup, il fallait attendre le coup suivant, ce qui non-seulement faisait perdre du temps, maiis aussi, le rivet, s'étant refroidi, n'avait plus la chaleur convenable; pour remédier à ceci, l'ouvrier avait une tendance à trop le chauffer au début et altérer ainsi la nature du fer. Pour corriger tous ces défauts inhérents à une machine mue par courroie et engrenages, la machine à action directe fut imaginée, c'est-à-dire un cylindre de très-grand diamètre, avec un piston d'une faible course, au bout de la tige duquel étaient fixées les bouterolles; ceci fut le plus grand progrès fait dans la voie de la rivure mécanique, et la machine rendit de très-grands services et devint à peu près universelle en Angleterre, malgré certains défauts, dont le plus important provenait de la difficulté de conserver toujours dans la chaudière exactement la même pression; et, si l'on réfléchit que dans ces machines la petite différence d'une demi-atmosphère seulement dans la chaudière représente une différence d'environ *quatre tonnes* sur la tête du rivet, on verra de suite toute l'importance de ce détail; de plus, s'il y avait, pour une cause quelconque, un temps d'arrêt de quelques minutes seulement, le cylindre et les tuyaux de prise de vapeur se refroidissaient et condensaient la première vapeur arrivée, de sorte qu'il fallait toujours en perdre une certaine quantité à les réchauffer et aussi un certain temps à purger à chaque reprise.

Un constructeur anglais, M. Tweddell, imagina de remplacer la pression de la vapeur par celle de l'eau et inventa une machine à river hydraulique et l'accumulateur différentiel.

Cet accumulateur se compose d'un plongeur fixe qui fait guide à un cylindre mobile qu'on charge du poids reconnu nécessaire pour obtenir une pression d'eau déterminée.

L'eau, qui arrive à la base de l'accumulateur, remplit seulement un espace annulaire réservé autour du plongeur et occupe ainsi un volume très-restreint, de sorte qu'à chaque course des pistons des riveuses, le déplacement de l'eau fait descendre rapidement, d'une certaine quantité, l'accumulateur, dont l'effet statique est accru dans une assez sensible proportion par la chute des contre-poids, et cela, à la fin de la course, quand le rivet est formé.

Ainsi, la pression exercée sur le rivet au début, quand commence le refoulement, devient presque double quand se termine la tête; la pression étant toujours prête, on peut arriver à une vitesse d'exécution très-considérable qui, en pratique, est de 20 rivets de 18 millimètres à la minute. L'eau exerce un contrôle absolu sur la pression, et quand l'appareil atteint l'extrémité de sa course, il ferme automatiquement la conduite qui le réunit aux pompes, arrête celles-ci et empêche ainsi toute perte de force quand la riveuse est au repos.

Les riveuses sont de deux sortes : celle que représente la figure 1 (Pl. V) est fixe; les plaques à réunir doivent venir se présenter à la machine, les rivets étant verticaux. — Les modèles décrits dans les figures 2 et 3 et dans les figures 4 et 5 présentent cet avantage, c'est qu'on peut les amener, au moyen de palans et de poulies de transmission, jusqu'à la pièce à river, les disposer de manière à faire toujours l'opération, quelle que soit l'inclinaison du rivet dans l'espace, et changer la position de la machine à chaque rivet, ce qui est d'une grande importance dans les travaux de forme irrégulière.

Ces machines portatives sont les seules qui aient résolu la question complétement, car tous les autres systèmes, soit à engrenage, soit à vapeur, ne peuvent s'appliquer absolument qu'aux machines fixes.

Pour qu'une machine soit portative, il faut, en effet, qu'elle soit assez légère pour être commodément, facilement et rapidement promenée dans tous les sens, et que la force motrice puisse être appliquée dans toutes les positions.

Le principe général des machines Tweddell est le suivant : deux leviers très-solides pouvant se rapprocher et portant à leur extrémité des bouterolles destinées à former la tête du rivet, sont actionnés par un plongeur sur lequel agit l'eau de l'accumulateur au moment où l'ouvrier appuie sur une pédale (fig. 1) ou presse sur un levier à main (machines portatives).

Le modèle fixe (fig. 1) se compose d'un bâti de fonte à la partie supérieure duquel est un corps de pompe dans lequel le plongeur se meut verticalement. Les deux leviers L et L' portant les bouterolles b et b' peuvent se rapprocher par un mouvement analogue à celui d'une mâchoire.

A cet effet, une articulation à genou, G, permet un mouvement de rotation produit par le plongeur qui porte une traverse munie de tirants qui, après avoir passé à travers deux guides placés de chaque côté du cylindre, viennent se fixer à l'autre levier, formant ainsi un levier de troisième genre dans lequel la puissance est appliquée à peu près aux deux tiers de sa longueur, à partir du point d'appui. L'articulation des leviers est arrangée de façon qu'elle peut, à un moment donné, prendre la place des bouterolles et réciproquement, ce qui permet, avec la même machine, en mettant les bouterolles du côté du levier le plus court, de poser des rivets d'une certaine dimension, à une distance donnée des bords de la tôle, et en mettant les bouterolles du côté opposé, de poser des rivets plus petits, mais à une distance du bord proportionnellement plus grande.

Au moyen de la pédale ou du levier à main, l'ouvrier règle à volonté l'introduction de l'eau dans le cylindre et, par suite, la pression des bouterolles sur le rivet.

La machine portative (fig. 2 et 3) est construite d'une manière analogue comme disposition du plongeur et des leviers, le plan des deux tirants étant toujours perpendiculaire à celui des leviers L et L'.

La machine est supportée par un quadrant denté AA' qui lui est relié par la tige T et le pignon P.

Un support S, attaché au palan par un crochet et une poulie, engrène sur le quadrant denté de manière à occuper une position quelconque sur l'arc de cercle, et, par conséquent, à donner une inclinaison quelconque à la tige T. Par suite de ce mouvement, de celui qu'on peut produire à l'extrémité de la tige T et à l'aide du pignon P, on voit que la direction des bouterolles peut être verticale

(fig. 2) ou quelconque (fig. 3), car la machine peut se mouvoir simultanément dans trois plans, et cela, sans qu'on
ait à défaire un seul joint.

Au moyen du palan et de la poulie, on peut donc amener
la riveuse en regard de telle partie d'une pièce encombrante,
chaudière de machine à vapeur, plaques à réunir pour
charpentes, etc., et le rivet peut être posé dans une direction arbitraire par suite de l'ingénieuse combinaison de
tous ces mouvements.

Dans le modèle représenté figures 4 et 5, l'une des bouterolles b est fixe et l'autre, b', est poussée directement par
le plongeur, de manière à se rapprocher de la première.
Cette dernière machine est très-légère.

Son mode de suspension permet de porter les leviers de
la position horizontale à la position verticale indistincte-
ment, et un joint articulé, placé au point de suspension,
permet de faire accomplir à l'appareil un tour entier dans
un plan horizontal.

Des grues de diverses formes permettent d'amener la
riveuse portative aux divers points où doit s'effectuer l'opération.

MACHINE À MONTER LES CEINTURES DES PROJECTILES [SYSTÈME OESCHGER ET MESDACH] (¹).

Dès le commencement de l'année 1874, MM. Oeschger et
Mesdach avaient établi, dans leurs ateliers de Biache-Saint-
Vaast (Pas-de-Calais), une machine destinée à placer
mécaniquement des couronnes sans joint sur les projectiles et à supprimer ainsi le mode de montage à la main,
trop long et trop pénible, surtout pour les projectiles de gros
calibre. Des obus de 24°, montés par ce procédé, ont été
expérimentés par la Commission de Gavre pendant les premiers mois de l'année 1874 et ont donné des résultats assez
satisfaisants pour qu'on ait songé dès lors à appliquer ce

_____

(¹) Cette machine figure à l'Exposition, classe 55, galerie des machines, section
française (voir *Revue d'artillerie*, tome XII, juin 1878, page 201).

mode de montage aux projectiles des autres calibres ([1]).
Des obus de campagne, montés par ce procédé, ont été
également essayés à la Commission de Calais en 1874-
1875, et se sont bien comportés pendant le tir.

Avant d'être posées, les ceintures sont amenées par un
usinage industriel aux formes et aux dimensions nécessaires. Découpées au tour dans un tube en cuivre rouge
étiré, elles sont d'abord soumises à une compression obtenue par la chute d'un poids, ce qui leur donne une forme
concave à l'extérieur et à l'intérieur. Un laminoir circulaire fait disparaître la concavité extérieure, et les ceintures sont passées à la filière circulaire et amenées à leurs
dimensions finales. On laisse la surface intérieure concave afin de faciliter l'épanouissement du cuivre dans
l'alvéole; son diamètre interne, légèrement supérieur à
celui du projectile, permet d'amener la ceinture sans difficulté en face de son logement (voir Pl. VI, fig. 1).

Une cannelure est tracée sur le projectile; elle a 10 millimètres de largeur et 3 millimètres de profondeur pour
les projectiles de petit calibre; ses bords sont taillés en
queue d'aronde (fig. 2).

La ceinture est montée dans son logement par compression, à l'aide d'une machine appelée *balancier ser-
tisseur* (fig. 3), parce qu'elle agit par un mouvement de
rotation horizontal. Le projectile est placé, debout sur son
culot, sur un plateau circulaire tournant librement au
sommet d'une tige verticale, qui peut monter ou descendre à volonté dans un socle en fonte solidement fixé sur
le sol. La ceinture, passée autour du projectile et soutenue
à bonne hauteur, est saisie par 6 presses à rotules qui la
refoulent dans son encastrement. Le socle porte 6 fortes
pièces en acier, appelées *matoirs*, disposées à 60 degrés
l'une de l'autre, et pouvant glisser entre des guides dans
le sens du rayon, se rapprocher de la ceinture et exercer
ainsi sur elle une pression énergique. Leur extrémité voi-

---

[1] Voir dans le *Mémorial de l'artillerie de marine*, tome II, pages 8 et 805.

sine du projectile est circulaire, et leur ensemble détermine une surface cylindrique qui embrasse la ceinture sur
tout son pourtour. La pression est exercée au moyen d'un
fort volant en fonte et par l'intermédiaire de 6 bielles faisant, avec la direction des matoirs, un angle variable : leurs
extrémités sont arrondies et s'engagent dans des cavités
de même forme, ménagées dans le volant et à l'extrémité
postérieure des matoirs. Par l'effet de la rotation du
volant, le bras en fonte tend à se mettre en ligne droite
avec la direction du matoir; ce dernier est alors poussé
dans le sens du rayon et exerce, sur la ceinture, la pression nécessaire (le plan de la figure VI indique les positions extrêmes des matoirs).

La compression du cuivre se fait par mouvements suc-
cessifs et alternatifs du volant : il est bon de donner d'a-
bord de petits coups et de faire tourner chaque fois le
projectile, afin de présenter les différentes parties de la
ceinture à chaque matoir, et de leur faire subir ainsi les
mêmes pressions; quand la ceinture adhère à son encastrement, on l'étale et on assure le sertissage en augmen-
tant la pression et en combinant les mouvements horizon-
taux et verticaux.

La première machine a été construite pour les projectiles
de la marine; elle a 8 matoirs et pèse 12 000 kil.; le volant est actionné par une machine à vapeur, et, pour se
rendre compte des pressions exercées et ne pas dépasser
la limite de ténacité de la fonte, on a adapté au volant un
ruban d'acier placé sur son contour extérieur. Au moment
de la compression, le volant se déforme et augmente de
dimensions; le ruban d'acier participe à la même défor-
mation, et une de ses extrémités met en mouvement une
aiguille mobile sur un cadran divisé.

Dans le cas de projectiles de petit calibre, le volant se
manœuvrant à la main, l'ouvrier peut apprécier l'effort
sans indicateur.

TABLE DES MATIÈRES.

Nancy. — Imp. Berger-Levrault et Cⁱᵉ.

L'ARTILLERIE A L'EXPOSITION DE 1878.

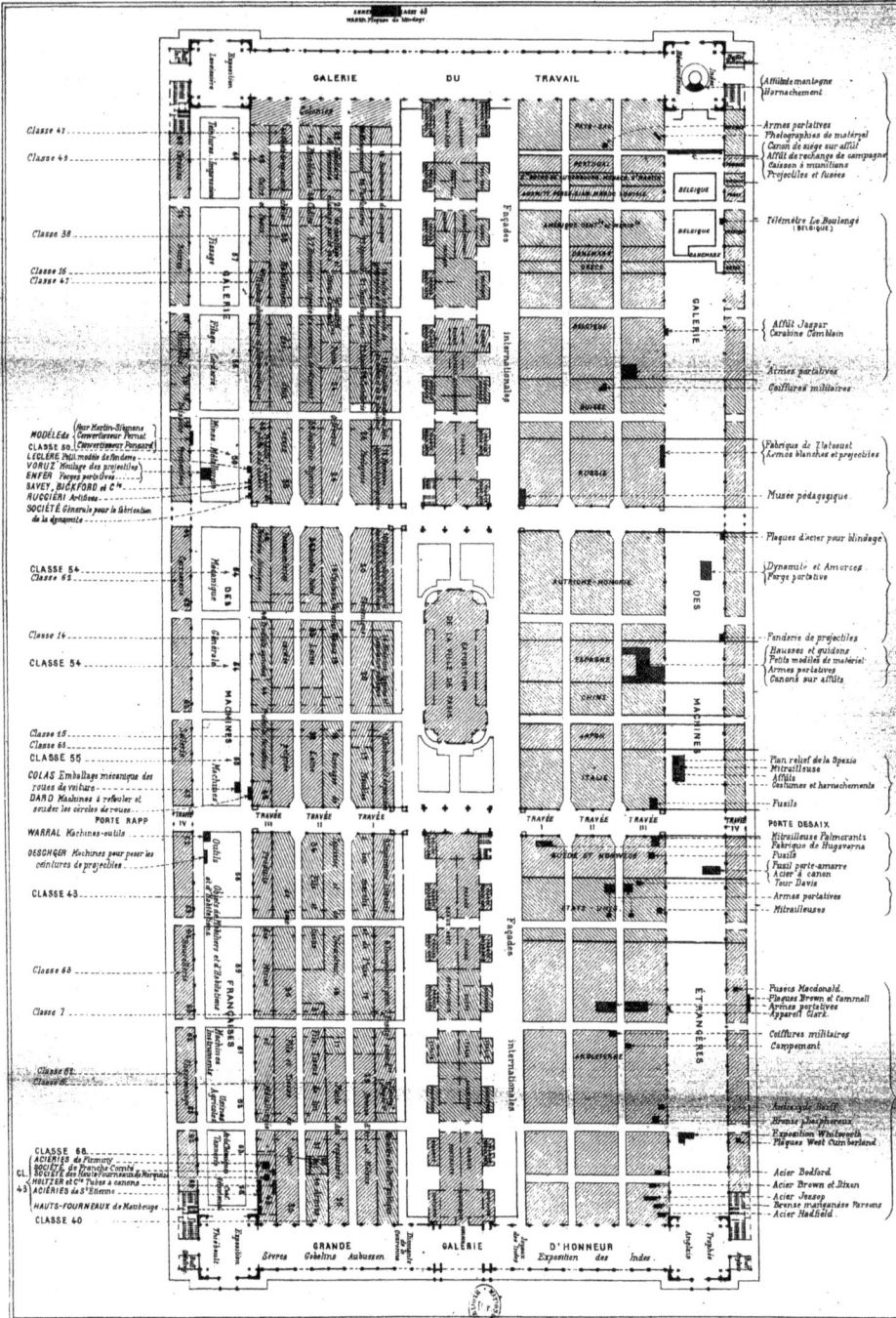

GALERIE   DU   TRAVAIL

Classe 47
Classe 48

Classe 38

Classe 16
Classe 47

MODÈLEs { Fusil Martin-Siegmann
CLASSE 50 { Convertisseur Pernot
LECLÈRE Petit modèle de fonderie
VORUZ Moulage des projectiles
ENFER Forges portatives
SAVEY, BICKFORD et Cie
RUGGIÉRI Artifices
SOCIÉTÉ Générale pour la fabrication
de la dynamite

CLASSE 54
Classe 65

Classe 14

CLASSE 54

Classe 18
Classe 64
CLASSE 55

COLAS Emballage mécanique des
roues de voiture
DARD Machines à rectifier et
souder les cercles de roues
PORTE RAPP
WARRAL Machines-outils
OESCHGER Machines pour poser les
ceintures de projectiles

CLASSE 43

Classe 65

Classe 7

Classe 62
Classe 65

CLASSE 65
ACIÈRIES de Firminy
SOCIÉTÉ de Franche Comté
CL. SOCIÉTÉ de Hauts-fourneaux de Marquise
HOLTZER et Cie Tubes à canons
ACIÈRIES de St-Étienne
HAUTS-FOURNEAUX de Maubeuge
CLASSE 40

GALERIE   INTERNATIONALE

GALERIE   DES   MACHINES   ÉTRANGÈRES

PETIT-CRÉ
PONT-DE-L
BELGIQUE
BELGIQUE
DANEMARK
GRÈCE
AUTRICHE
SUISSE
TURQUIE

ANTIQUE-HONGRIE
ESPAGNE
CHINE
JAPON
ITALIE

RUSSIE et NORVÈGE
ÉTATS UNIS

JARDINERIE

Affût de montagne
Harnachement

Armes portatives
Photographies de matériel
Canon de siège sur affût
Affût de rechange de campagne
Caisson à munitions
Projectiles et fusées

Télémètre Le Boulengé (BELGIQUE)

Affût Jaspar
Carabine Comblain

Armes portatives
Coiffures militaires

Fabrique de l'atelier
Armes blanches et projectiles

Musée pédagogique

Plaques d'acier pour blindage
Dynamite et Amorces
Forge portative

Fonderie de projectiles
Hausses et guidons
Petit modèle de matériel
Armes portatives
Canons sur affûts

Plan relief de la Spezia
Mitrailleuse
Affûts
Costumes et harnachements
Fusils

Mitrailleuse Palmcrantz
Fabrique de Huqvarna
Fusils
Fusil porte-amarre
Acier à canon
Tour Davis
Armes portatives
Mitrailleuses

Fusées Macdonald
Plaques Brown et Cammell
Armes portatives
Appareil Clark

Coiffures militaires
Campement

Bronze phosphoreux
Exposition Whitworth
Plaques West Cumberland

Acier Bedford
Acier Brown et Bixon
Acier Jessop
Bronze manganèse Parsons
Acier Hadfield

GRANDE   GALERIE   D'HONNEUR
Sèvres   Gobelins   Aubusson   Exposition des   Indes

V. Deroust del.

PL. II.

Mitrailleuse Hotchkiss.

Fig. 1 (½).

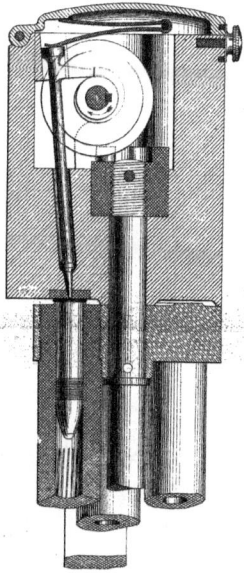

Mitrailleuse Gatling.

Fig. 2. Coupe de l'enveloppe.

Fig. 3. Ensemble du mouvement latéral.

Coupe à b.

D

Fig. 4. Mouvement latéral, démonté.

(Échelle ½)

Coupe c d.

Mitrailleuse Gardner.

Fig. 5. (⅙).

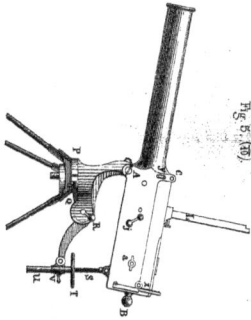

Porte percuteur.

Fig. 8. Plan en dessus. (⅓).

Fig. 10 Elévation à droite.

Fig. 11. Plan en dessous.

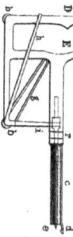

Fig. 6 (⅓).

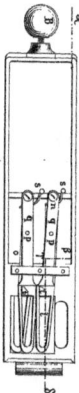

Fig. 7.

Fig. 8. Coupe verticale suivant a β γ δ.

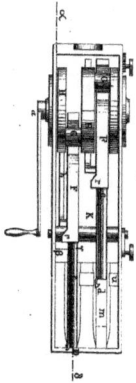

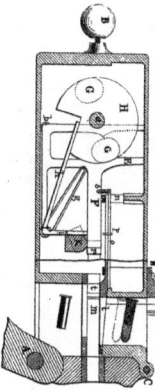

E. Noviant. del.

E. Wolf. del.

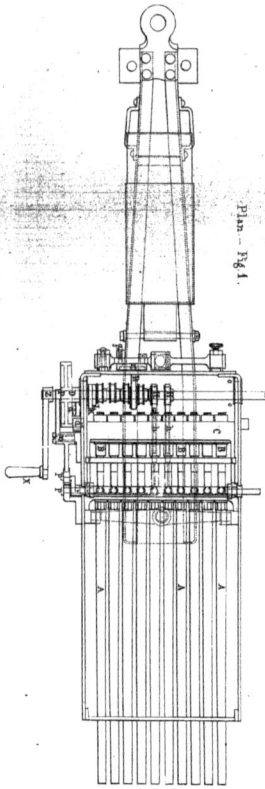

Plan. — Fig. 1.

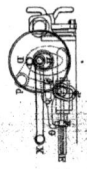

Fig. 3.

Élévation latérale.

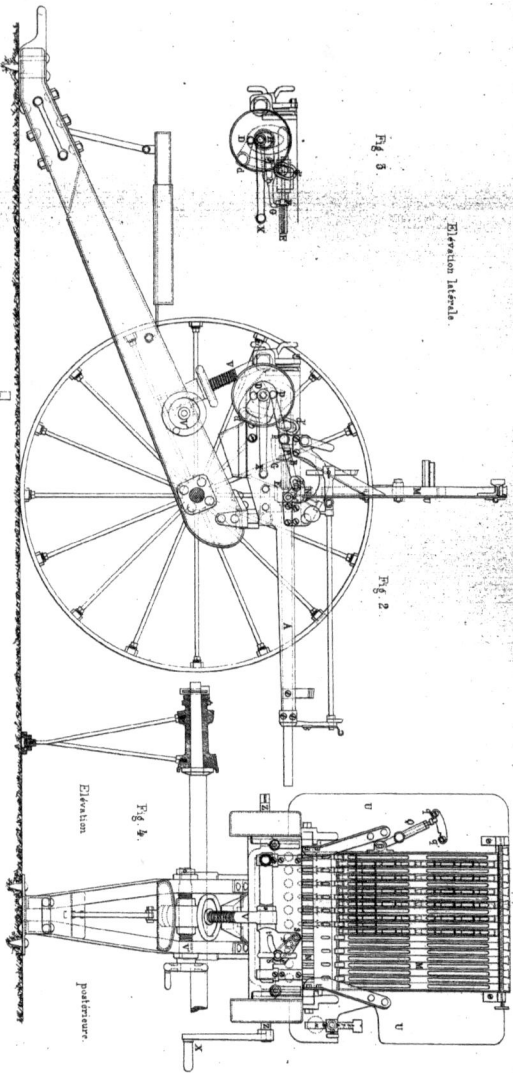

Fig. 2.

Fig. 4.

Élévation.

postérieure.

Echelle de $\frac{1}{10}$

L'ARTILLERIE ESPAGNOLE A L'EXPOSITION DE 1878.

PL. IV.

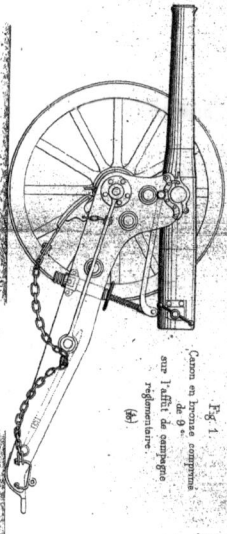

Fig 1.
Canon en bronze comprimé
de 9 c.
sur l'affût de campagne
réglementaire
(1/4)

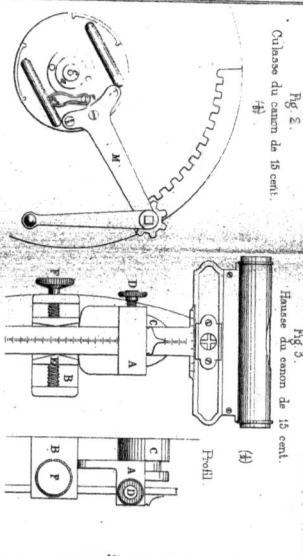

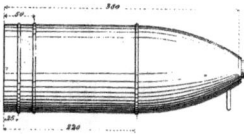

Fig 2.
Culasse du canon de 15 cent.
(1/4)

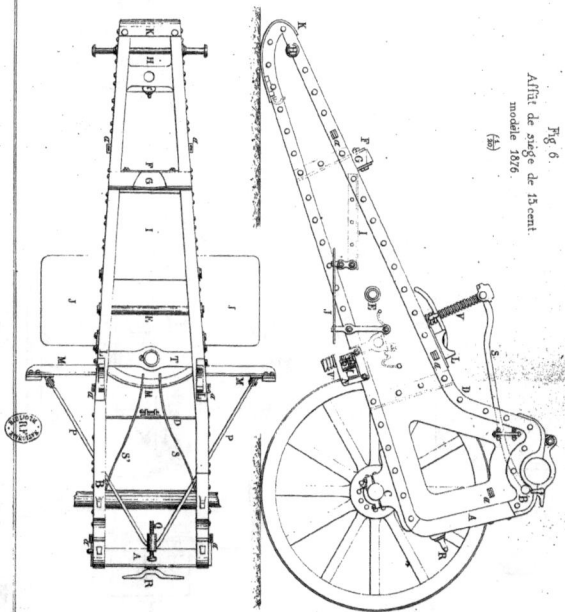

Fig 3.
Hausse du canon de 15 cent.
(1/4)

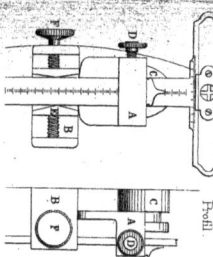

Profil.

Fig 4.
Guidon.
(1/4)

Fig 5.
Obus de 15 cent.
(1/4)

Fig 6.
Affût de siège de 15 cent.
modèle 1878.
(1/30)

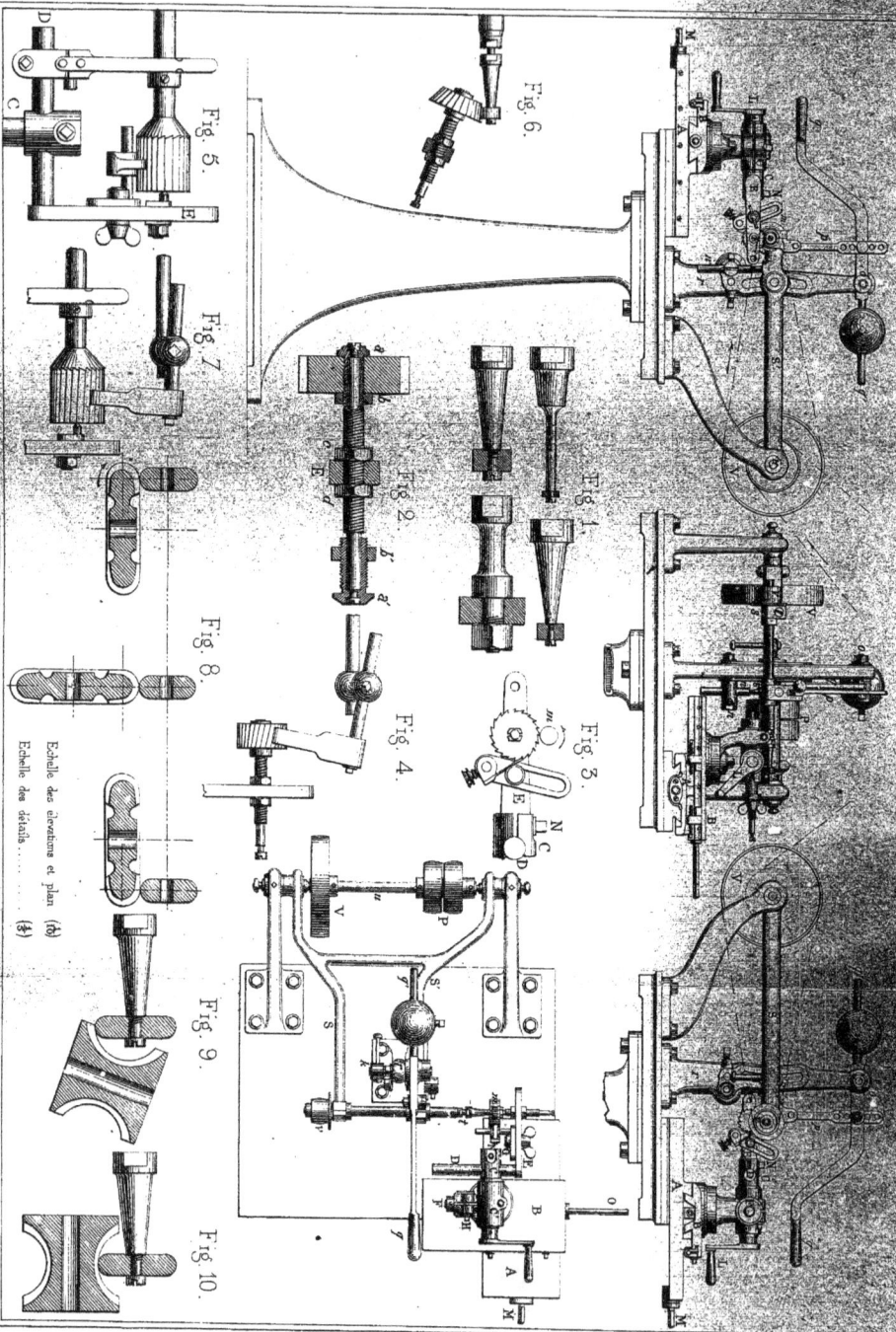

MACHINE A AFFÛTER LES FRAISES (SYSTÈME...)

Fig. 1.
Fig. 2.
Fig. 3.
Fig. 4.
Fig. 5.
Fig. 6.
Fig. 7.
Fig. 8.
Fig. 9.
Fig. 10.

Echelle des élévations et plan (¼)

Echelle des détails ...... (½)

P. L. Bachenart

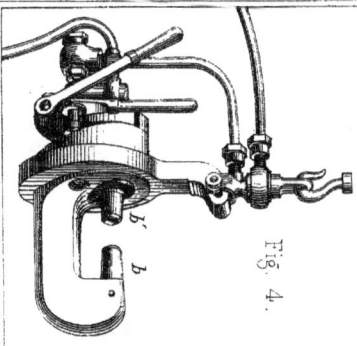

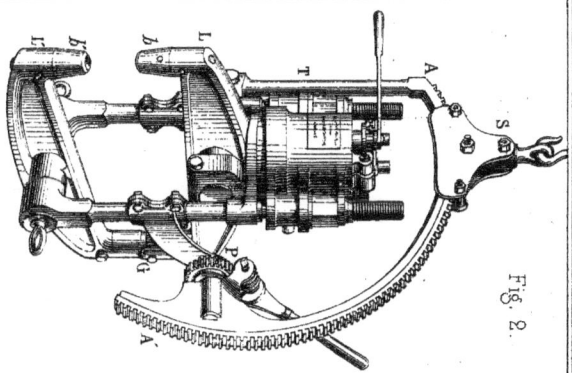

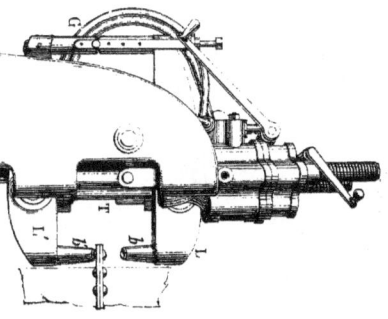

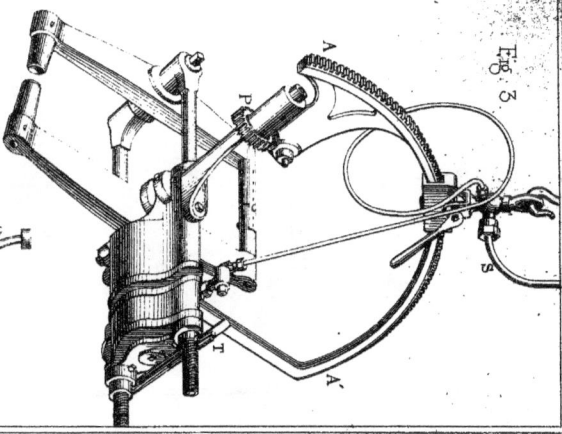

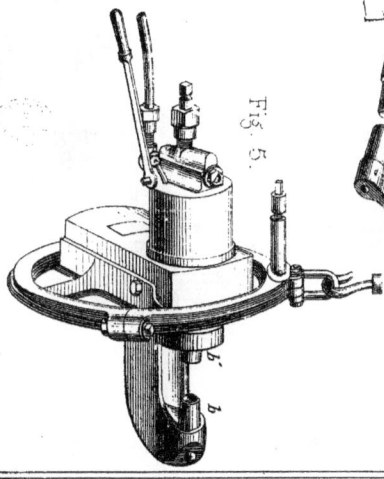

Fig. 4.

Fig. 2.

Fig. 1.

Fig. 3.

Fig. 5.

RIVEUSES HYDRAULIQUES (SYSTÈME TWEDDELL).

PL. V.

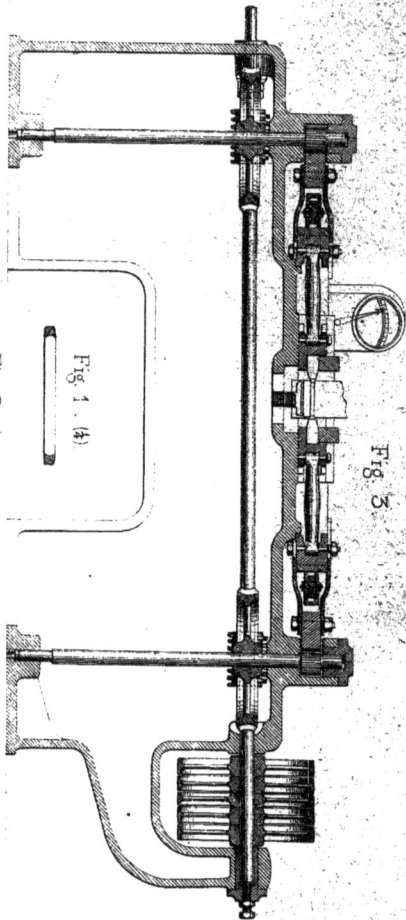

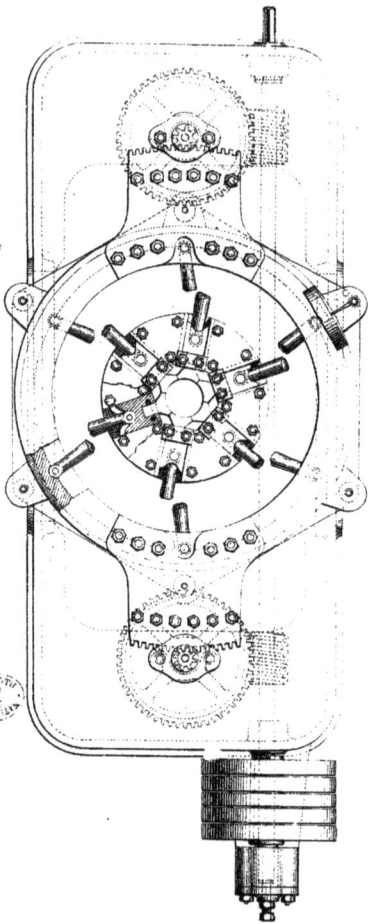

MACHINE À SERTIR (suite)

Fig 3.

Fig 1. (¼)

Fig. 2. (¼).

www.ingramcontent.com/pod-product-compliance
Lightning Source LLC
Chambersburg PA
CBHW071215200326
41519CB00018B/5532